現代 Linux

Learning Modern Linux
A Handbook for the Cloud Native Practitioner

Michael Hausenblas 著

林班侯 譯

O'REILLY®

目錄

序

誠摯地歡迎你翻閱本書，很高興能與各位讀者一起走上這段體驗之旅。如果你已是 Linux 用戶，而且正在尋求某種結構化的入手方式，以便更上一層樓，抑或是你已有相當的使用經驗，但還想再學一點竅門，好讓自己在操作 Linux 時（像是在專業用途上，如開發或維護）能更為得心應手，那麼本書就是為你而寫的。

我們主要會專注在以 Linux 作為日常使用的目的上，像是開發及一般辦公室文書作業等等，而不會著重系統管理層面的事物。此外，我們也會以命令列為主，而不是視覺化的使用界面（UI）。因此儘管 Linux 在 2022 這一年可能已躍升桌面環境的要角，我們還是會以終端機作為與 Linux 互動的主要方式。這還有額外的好處，就是你學到的一切都可以同樣地運用在許多不同的環境裡，從樹莓派、到你偏愛的雲端環境中的虛擬機器皆然。

在開始之前，筆者想先分享一下自己的歷程作為參考：我的作業系統上手初體驗並非 Linux。當初首次接觸的作業系統是 AmigaOS（時值 1980 年代晚期），後來上了高中，接觸的是微軟的 DOS、以及後來顯赫一時的微軟視窗，主要是開發事件系統（event system）及使用者界面。到了 1990 年代中期以後，筆者在大學實驗室中使用的主要則是同樣系出 Unix 的 Solaris 和 Silicon Graphics 等機種。真正接觸 Linux 則是在 2000 年代中期，當時正值大數據的概念興起，後來筆者又接觸到了容器的概念，最早是在 2015 使用的 Apache Mesos（那時我在 Mesosphere 任職），後來又進展到 Kubernetes（一開始是在 Red Hat 的 OpenShift 團隊，後來則是轉到 AWS 的容器服務團隊工作）。那時筆者才體認到，唯有掌握與熟稔 Linux，才能在相關領域有所發揮。Linux 十分與眾不同。它的背景、全球使用者社群、以及它的多才多藝與彈性，凡此種種都令其別樹一幟。

Linux 十分有趣，而且是一個不斷成長的開放原始碼個人與團體生態環境。它可以在地表上的幾乎任何裝置運作，從 50 元美金的樹莓派、到你偏愛的雲端環境虛擬機器、乃至於登陸火星的太空車。經過 30 年的發展後，Linux 還是會持續存在一段時間，因此現在正是進一步深入學習 Linux 的好時機。

我們先訂出一些基本規則和期望。在這篇序文中，筆者會告訴大家如何從本書獲益，同時也介紹一些相關的眉角，像是可以在哪裡、以及如何嘗試我們即將一起研究的題材等等。

本書目標讀者

對於那些需要在專業環境中使用 Linux 的人，像是軟體開發者、軟體架構師、QA 測試工程師、DevOps 和 SRE 等諸如此類的角色等等，本書就是為你而寫的。筆者同時也假設，你也許只是一位業餘愛好者，正好在從事 3D 列印或居家電子化的過程中與 Linux 相遇，對於一般的作業系統、特別是 Linux/Unix 等等，只有籠統的概念，甚至一無所知。如果你從頭到尾讀完本書，將會收穫甚豐，因為本書章節都是刻意以彼此關聯的方式撰寫的；不過，如果你已對 Linux 頗有涉獵，也還是可以將本書作為參考用的讀物。

如何運用本書

本書的重心在於讓你開始使用 Linux、而不是進行管理。坊間另有許多關於管理 Linux 的好書。

讀完本書後，你將會理解 Linux 的本質（第一章）及其關鍵組成（第二與第三章）。你將能夠細數並運用各種基本的存取機制（第四章）。你也會理解檔案系統作為 Linux 中基本建構區塊所扮演的角色（第五章）、以及何為應用程式（第六章）。

接著你會學到一些動手操作 Linux 網路堆疊及工具的體驗（第七章）。然後你會學到觀察現代作業系統運作的方式（第八章）以及如何據以管理工作負載。

你也會知道如何以新穎的現代化方式，如容器及 Bottlerocket 這種不可變的發行版等等，來運行 Linux 應用程式，以及如何安全地進行通訊（如下載檔案等等）、還有透過 Secure Shell（SSH）與點對點、或是雲端同步機制等先進的工具來分享資料（第九章）。

以下是若干讀者們如何進行嘗試、以及繼續進行自修的建議（筆者鄭重建議大家一定要動手實驗；學習 Linux 就像學一種新語言一樣，需要大量的練習）：

- 弄一套 Linux 桌機或筆電。像是由筆者開發、由 Star Labs 所販售的 StarBook[1]。或是利用已無法再執行新版 Windows 的桌機或筆電，直接在上面安裝 Linux。

- 如果你打算在另一套不同的平台（如 MacBook 或 iMac 之類），用寄居的方式做實驗，可以透過虛擬機器（virtual machine, VM）來進行。例如在 macOS 上就可以透過 Linux-on-Mac[2] 這個厲害的工具。

- 使用雲端服務商提供的虛擬機來運行 Linux。

- 如果你偏好自己動手，而且想在 ARM 這類非 Intel 處理器的架構上進行，可以試著買一張樹莓派單晶片版電腦來玩玩看。

不論如何，你的手邊都該有一個實驗用環境，可以隨心所欲地練習。不要只是捧著書窮讀：試著鍵入每一道命令看看會怎樣。就算試出問題來也無妨，打錯字或故意提供一些無厘頭的資料輸入都可以。在開始做錯誤示範實驗前，不妨心中先想像一下會得到什麼樣的輸出結果。

還有：隨時都要心存疑問。當你看著一道命令或特定的輸出時，試著搞懂其來龍去脈，以及背後所隱藏的真正機制。

本書編排慣例

本書採用下列各種字體來達到強調或區別的效果：

斜體字（*italic*）

代表新名詞、網址 URL、電郵地址、檔案名稱、以及檔案屬性等等。中文以楷體字表示。

定寬字（constant width）

用於陳示程式碼，或是在文字段落中呈現某些程式元件，像是變數或函式名稱、資料庫、資料型別、環境變數、敘述及關鍵字等等。

定寬斜體字（*constant width italic*）

標示應依使用者提供的輸入值、或是依前後文決定內容，再藉以取代的文字。

---

1   *https://oreil.ly/1MbY2*
2   *https://oreil.ly/bqVYG*

此圖示代表提示或建議。

 此圖示代表一般性的說明。

 此圖示代表警告或應該注意。

使用本書範例程式

輔助內容（程式碼範例、習題等等）都可以從 *https://oreil.ly/learning-modern-linux-code* 下載。

如果你有技術上的問題、或是在使用程式碼範例時遇上麻煩，請來信 *bookquestions@oreilly.com* 發問。

本書的目的就是要幫助各位完成份內的工作。一般來說，只要是書中所舉的範例程式碼，都可以在你的程式和文件當中引用。除非你要公開重現絕大部分的程式碼內容，否則毋須向我們提出引用許可。舉例來說，自行撰寫程式並借用本書的程式碼片段，並不需要許可。但販售或散佈內含 O'Reilly 出版書中範例的媒介，則需要許可。引用本書並引述範例程式碼來回答問題，並不需要許可；但是把本書中的大量程式碼納入自己的產品文件，則需要許可。

還有，我們很感激各位註明出處，但並非必要舉措。註明出處時，通常包括書名、作者、出版商、以及 ISBN。例如：「*Learning Modern Linux* by Michael Hausenblas (O'Reilly). Copyright 2022 Michael Hausenblas, 978-1-098-10894-6」。

如果覺得自己使用程式範例的程度超出上述的許可合理範圍，歡迎與我們聯絡：*permissions@oreilly.com*。

致謝

首先要感謝本書了不起的校閱者們：Chris Negus、John Bonesio 和 Pawel Krupa。若是沒有你們的回饋，本書的優點和實用價值便要腰斬了。

我還想感謝父母，他們讓我受良好教育，才能為我今日的個性及作為奠定基礎。尤其要感謝我的大姐 Monika，是她最先啟發我走進科技這一行。

我也要向我最棒的家人們致上最高的感謝之意：Saphira、Ranya 和 Iannis 等孩子們；我古靈精怪的嬌妻 Anneliese；世上最好的狗狗史奴比；還有最新的成員，貓爺 Charlie。

在我的 Unix 和 Linux 旅程中，有太多的人啟發了我的心靈、而我從他們身上獲益良多。我曾與其中許多人愉快地共事或是打過交道，包括 Jérôme Petazzoni、Jessie Frazelle、Brendan Gregg、Justin Garrison、Michael Kerrisk 和 Douglas McIlroy，當然還有更多在此不及備載的人們。

最後特別要感謝的，則是 O'Reilly 的團隊，特別是我的開發編輯 Jeff Bleiel，他在我撰寫此書時真是一路呵護備至。

## 第一章

Linux 簡介

Linux 可說是當今世上用途最廣泛的作業系統，從手機到雲端皆有它的蹤影。

也許你並不熟悉作業系統的概念。亦或是你其實用慣了微軟的 Windows 作業系統，因此不曾考慮其他環境。又或者你還是 Linux 的新手。為了幫你進入狀況，本章會先從最宏觀的角度來觀察作業系統和 Linux。

我們會先解釋本書中所謂的現代的概念。接著再從歷史角度回顧 Linux 的過往，介紹 30 年以來的諸多重大事件和階段。然後讀者們會在本章中學到作業系統的一般性角色、以及 Linux 如何扮演此一角色。我們也會迅速地回顧何謂 Linux 發行版、還有資源能見度的意涵。

如果你對作業系統和 Linux 都感到陌生，請全篇讀完本章。如果你已經有使用 Linux 的經驗，可以跳到第 9 頁「從高空鳥瞰 Linux」一節，你可以在此看到對應本書每一章主題的概覽。

但是在我們開始鑽研技術細節之前，先放慢腳步，來看看何謂「現代的 Linux」。令人意外的是，這可是個大哉問。

何為現代化環境？

本書書名強調現代一詞，但其真正的含意何在？以本書的觀點而言，它可以是近年來任何一種新玩意，從雲端運算、到樹莓派都算。此外，最近新興的 Docker 及相關的基礎設施創舉，都大幅地改變了開發人員與基礎設施維運人員的生態。

我們先來看一下一些現代化的環境，以及 Linux 居中扮演的要角：

行動裝置

當筆者對孩子們提到「行動電話」時，他們會反問「相對於什麼可動？」平心而論，如今有許多種電話（端看你發問的對象，應該佔八成以上）以及平板電腦，都是執行 Android，而它正是 Linux 的變種。這些環境都對耗電和韌性有嚴格的要求，因為我們每天都要用到它們。如果你有興趣開發 Android 應用程式，不妨參閱 Android 的開發者網站[1]。

雲端運算

在雲端所見到的 Linux 運用規模，並不亞於行動裝置及微電腦等領域。其中運用了許多更新穎、更強大、更安全、也更省電的 CPU 架構，諸如以知名的 ARM 為基礎的 AWS Graviton[2]、以及大量外包給雲端業者的重量級服務，尤其是以開放原始碼軟體為主的內容。

物聯網（或是智慧裝置）

筆者相信大家都看過許多與物聯網（Internet of Things, IoT）有關的專案或產品，從感應器到無人機都不例外。我們之中有些人甚至已經常常接觸到智慧家電或是智慧型汽車。這些環境對於耗電的要求更甚於行動裝置。此外，它們也許並非全天候運作，而是只會在一天當中偶爾啟動、並傳輸一些資料。這類環境的另一個重要特質，是它的即時性（realtime capabilities）。如果你打算在 IoT 環境中運用 Linux，不妨參閱 AWS IoT EduKit[3]。

處理器架構的多樣化

在過去大約 30 年中，Intel 始終是頂尖的 CPU 製造商，主宰了微處理器及個人電腦的市場。Intel 的 x86 架構一直以來都被視為黃金標準。IBM 開展的開放策略（亦即公開規格，並允許其他廠商依標準提供相容裝置）非常有效，它造就了同樣採用 Intel 晶片的 x86 相容機的一段榮景，至少在早年是如此。雖然 Intel 仍是桌機和筆電裡的要角，但隨著行動裝置的興起，我們目睹了 ARM 架構和最近的 RISC-V 也在逐步增加市場佔有率。在此同時，像是 Go 或 Rust 之類跨架構的程式語言及工具，也漸漸變得普及，掀起了好一場革命。

1　*https://developer.android.com*

2　*https://oreil.ly/JzHzm*

3　*https://oreil.ly/3x0uf*

筆者認為，上述環境都算是現代化環境的一例。而且絕大部分都與 Linux 的樣貌之一有關。

現在我們知道何謂現代化（硬體層面）的系統了，你或許會想，這一切又是從何而來、而 Linux 又有何關聯。

Linux 小傳（迄今）

Linux 在 2021 年時剛剛慶祝過 30 大壽。Linux 專案擁有數十億用戶及數千開發者，毫無疑問地，它是一項跨越全球的（開放原始碼）成功故事。但這一切緣起為何、又是如何開展至今的？

1990 年代

我們可以將 Linus Torvalds 在 1991 年 8 月 25 日對 comp.os.minix 新聞群組發出的那封電子郵件視為 Linux 專案的濫觴，至少在公開的紀錄中看來是如此。這項原本只是個人興趣的專案，很快地便在程式碼行數（line of code, LOC）及採納它的領域兩方面都出現爆炸性成長。舉例來說，在公開後不到三年內，Linux 1.0.0 便正式釋出，當時就已有 176,000 的 LOC 規模。那時的既定目標，也就是要能在上面運行大部分的 Unix/GNU 軟體，已經做得相當出色。而且也出現了 1990 年代的第一款商用發行版本：就是紅帽（Red Hat）Linux。

2000 到 2010 年

這時 Linux 已進入了「人類的青少年階段」，它不只在功能方面越趨成熟，支援的硬體也日益廣泛，甚至也超越了原本 UNIX 的應用領域。這段時間我們目睹了許多業界巨擘加入廣泛運用 Linux 的戰局，包括 Google、Amazon、IBM 等等。這時也正是發行版大戰（distro wars）最白熱化的階段，許多業者都因而改變了策略方向。

2010 年至今

Linux 逐漸確立了它在資料中心及雲端的主力地位，同時也進佔了 IoT 裝置與手機的市場。基本上發行版大戰至此時已告塵埃落定（如今大部分的商用系統不出 Red Hat 或 Debian 兩大體系），而容器的興起（約莫在 2014/15 年間）是以上進展的主因。

以上這段懶人包一般的歷史回顧，對於我們為本書定義的範疇、以及理解各項主題的動機，都至關重要，接著我們要問一個看似雞毛蒜皮的問題：為何人們需要用到 Linux；甚至是任一種作業系統？

作業系統到底有何重要？

設想你沒有作業系統（operating system, OS）在旁相助，或是因故無法使用它。結果就是你可能得一切靠自己：不論是記憶體配置、中斷處理、與 I/O 裝置交談、管理檔案、設定與管理網路堆疊，還不僅於此而已。

從技術上說，OS 並非絕對必要。坊間有些系統根本不具備 OS。它們通常屬於嵌入式系統，尺寸也很小：你想像一下 IoT 的訊號發射器（beacon）就可以理解了。它們通常不具備足夠的資源，無法支撐一個主要應用以外的其他內容。舉例來說，你只須利用 Rust 的核心與標準程式庫（Core and Standard Library），就能在一套沒有作業系統的裸機上（bare metal）執行任何應用程式。

一套作業系統負責以上所有的繁重工作，並將各式各樣的硬體元件予以抽象化，通常還會提供一套簡潔且設計良好的應用程式界面（Application Programming Interface, API），例如 Linux 核心便是一例，我們會在第二章時進一步介紹。通常我們會將作業系統提供的 API 稱作*系統呼叫*（*system calls*），或簡稱 *syscalls*。像是 Go、Rust、Python 或 Java 等高階程式語言，都是建立在這些系統呼叫上，不過多半是以程式庫的型態加以包裝。

這一切都讓你得以專注在自身的業務上，毋需分心自行管理資源，也不必為了在不同的硬體上運作應用程式而傷腦筋。

我們來觀察一個 syscall 的實際案例。設想我們需要辨識（以及顯示）現行使用者的 ID。

首先我們來觀察 Linux 的 getuid(2) 這個系統呼叫：

```
...
getuid() returns the real user ID of the calling process.
...
```

好，所以這個系統呼叫 getuid 確實是程式庫中的可用工具（以系統程式面而言）。我們會在「系統呼叫」一節當中，對 Linux 系統呼叫加以詳細探討。

你大概在想 getuid(2) 裡面那個 (2) 是何用意。這其實是工具程式 man（你可以將它想像成內建的說明頁）的獨特顯示機制，藉以指出 man 當中為該項命令所指派的段落位置。就像是郵遞區號或國際電話的國碼那樣。這是源於 Unix 傳統的例子之一；你可以在 1979 年的 *Unix Programmer's Manual*[4] 第七版的卷一找到它的源頭。

在命令列（shell）裡，我們可以用等效的 id 命令達到相同的目的，而毋需動用到 getuid 系統呼叫：

```
$ id --user
638114
```

現在你已經對於為何要使用作業系統有起碼的認識了，也知道其用意何在，接下來讓我們談談 Linux 發行版這個題材。

Linux 的發行版

當我們提及「Linux」一詞時，其含意也許還是略顯模糊。在本書中，當我們探討的是系統呼叫和驅動程式時，我們會明確地說是「Linux 核心」、或簡稱為「核心」。此外，當我們談論的是 Linux 發行版時（distribution 有時會簡稱 *distros*），我們的意思其實是指包含了核心和相關元件的組合，像是套件管理、檔案系統佈局、init 系統、以及 shell 等已經預訂好的內容。

當然了，你可以全都自己再選一次：自行下載和編譯核心、選擇套件管理工具等等，打造出自己獨有的發行版。這也是許多人最早的起步方式。多年下來，人們體會到時間寶貴，像這種打包的動作（還有安全更新之類）最好還是留給專門人員或業者去做，自己不妨直接使用現成的 Linux 發行版就好。

 倘若你有意自行打造發行版，也許你只是純粹愛動手做、或是因為特定商業限制而不得不為，不論如何，筆者建議你仔細鑽研一下 Arch Linux[5]，它將主控權完全交給你，只須略施手段，就能建構出極富個性的 Linux 發行版。

4　*https://oreil.ly/DgDrF*
5　*https://archlinux.org/*

若想體驗一下發行版本的多樣性，包括傳統的發行版（例如 Ubuntu、Red Hat Enterprise Linux [RHEL]、CentOS 等等，第六章會介紹它們）和更近代的發行版（如 Bottlerocket 和 Flatcar 等等；參見第九章），請參閱 DistroWatch[6] 網站。

現在我們把發行版議題放在一旁，繼續介紹另一個完全不同的題材：資源的可見度和隔離性。

資源的可見度

Linux 承繼了良好的 UNIX 傳統，就是對於資源有一致的觀點。這便引出另一個疑問：何謂一致的觀點（一致是相較於何者而言？）、以及資源又代表些什麼？

為何在這一開始的階段便要談到資源可見度？主要原因是希望提升讀者對此的注意力，讓你能夠對現代 Linux 中的重要主題之一培養出正確的心態：這個主題便是容器。如果你對這個題材的細節還一知半解，不必擔心；我們會在本書後面的篇幅中再回頭探討它，尤其是第六章，到時會詳盡地探討容器和它們的建構區塊。

你或許曾聽過這個老生常談，就是在 Unix 裡，甚至衍生的 Linux 裡，一切都是檔案。以本書的背景而言，我們也會把資源視為可以輔助軟體執行的一切事物。包括硬體及其抽象化的代表（例如 CPU 和 RAM、檔案等等）、檔案系統、硬碟機、SSD、程序（process）、裝置或路由表等網路相關的內容、以及代表使用者的身份證明（credential）等等。

並非所有的 Linux 資源都一定就是檔案、或是以檔案的界面來呈現。但坊間也有像 Plan 9 這樣的系統，徹底地以檔案呈現一切。

我們來檢視一個關於若干 Linux 資源的實際範例。首先，要查詢一個通用屬性（即 Linux 的版本）、以及關於所使用的 CPU 這種特定硬體資訊（以下輸出已經過調整以便適應頁面寬度）：

```
$ cat /proc/version ❶
Linux version 5.4.0-81-generic (buildd@lgw01-amd64-051)
(gcc version 7.5.0 (Ubuntu 7.5.0-3ubuntu1~18.04))
#91~18.04.1-Ubuntu SMP Fri Jul 23 13:36:29 UTC 2021
```

---

6 *https://distrowatch.com/*

```
$ cat /proc/cpuinfo | grep "model name" ❷
model name      : Intel Core Processor (Haswell, no TSX, IBRS)
model name      : Intel Core Processor (Haswell, no TSX, IBRS)
model name      : Intel Core Processor (Haswell, no TSX, IBRS)
model name      : Intel Core Processor (Haswell, no TSX, IBRS)
```

❶ 印出 Linux 的版本。

❷ 印出 CPU 相關資訊，並只篩選出型號資訊。

藉由以上的命令，我們得知了這套系統裡有四個 Intel i7 核心可供驅遣。當你以另一個使用者身份登入時，你覺得看到的 CPU 數目會一致嗎？

再考慮另一種類型的資源：檔案。舉例來說，如果使用者 troy 有權在 /tmp/myfile 底下建立了一個檔案（請參閱第 89 頁的「權限」），那麼另一位使用者 worf 是否能看到這個檔案、甚至能夠寫入它？

再以程序（process）為例，它其實是一個已存在記憶體當中的程式、同時已取得所有一切執行所需的資源，像是 CPU 和記憶體之類。Linux 會依照它的*程序識別碼*（*process ID*，簡稱 PID）來加以辨識（請參閱第 19 頁的「程序管理」）：

```
$ cat /proc/$$/status | head -n6 ❶
Name:   bash
Umask:  0002
State:  S (sleeping)
Tgid:   2056
Ngid:   0
Pid:    2056
```

❶ 印出程序的狀態（亦即關於程序當下的一切詳情）並將輸出限制在前六行的內容。

$$ 又是什麼玩意？

你或許已經注意到 $$ 的字樣，並自忖它代表什麼意思。這是一個特殊變數，代表現行所在程序本身（詳情請參閱第 42 頁的「變數」）。注意在命令執行所在的 shell 背景裡，$$ 代表的就是你鍵入命令所在的 shell 自己（例如 bash）的 process ID。

那麼在 Linux 裡，有可能會出現 PID 相同的多個程序嗎？這問題乍聽之下似乎匪夷所思，但卻衍生出了容器的基礎（請參閱第 131 頁的「容器」一節）。答案當然是肯定的，確實可能會有多個 PID 相同的程序存在，但它們存在各自不同的、所謂**命名空間**當中（請參閱第 145 頁的「Linux 命名空間」）。這種實況存在於容器化的配置當中，例如在 Docker 或 Kubernetes 中運行應用程式那樣。

每個擁有 PID 1 的程序都可能認為自己獨一無二，在更為傳統的配置裡，天字第一號 PID 是專門保留給使用者空間的程序樹根部的（詳情請參閱 128 頁的「Linux 啟動過程」）。

從以上觀察中，我們認識到某些資源會有通用的外觀（例如兩個使用者會看到一致的檔案位置），但有時也會呈現局部（local）或虛擬化的外觀，就像是以上程序的例子。這便衍生出下一個問題：Linux 裡的每一件事物是否都預設有通用的外觀？筆者先賣個關子：實情並非如此。我們這就來進一步分析。

讓多位使用者或多個程序能平行運作的錯覺，有一部分要歸功於（受限的）資源可見度。在 Linux 中，為資源（指支援此種方式的特定資源）提供局部外觀的方式，稱為命名空間（請參閱第 145 頁的「Linux 命名空間」）。

其次是彼此獨立的空間維度，謂之隔離性。當筆者提及**隔離性**（*isolation*）一詞時，並不代表會明確為之（也就是說我不會設想事情能隔離到何種程度）。舉例來說，程序隔離性的概念之一，便是限制其耗用的記憶體，以便讓某個程序無法耗盡其他程序應有的記憶體。舉例來說，我可以為你的應用程式分配 1 GB 的 RAM。如果要用到更多，就只會收到記憶體耗盡而被清除的訊息。這提供了某種程度的防護。在 Linux 中，我們透過 cgroups 這項核心功能來達成上述的隔離性，各位會在第 147 頁的「Linux cgroups」一節中學到這一點。

另一方面，完全隔離的環境可以讓運行其中的應用程式有獨立運作的感受。舉例來說，一部虛擬機器（virtual machine，簡稱 VM；請參閱第 233 頁的「虛擬機器」一節）就能提供完全隔離的效果。

從高空鳥瞰 Linux

哇，轉眼間我們已經講得這麼深入了。現在該好好喘一口氣，好好地仔細端詳一番。在圖 1-1 裡，筆者試著把 Linux 作業系統各部分的概念對應到本書各個章節。

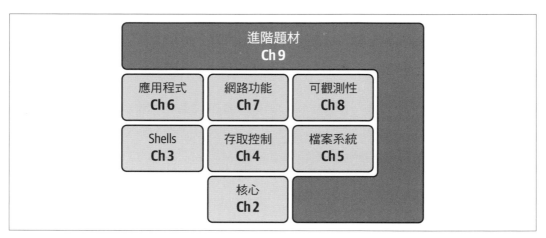

圖 1-1　Linux 作業系統與本書章節的對應

在中心部分，任何 Linux 發行版都會含有核心 ，同時提供其他所有元件建置所仰賴的 API。三大中心觀念包括檔案、網路和如影隨形的可觀察性，你可以將它們視為基於核心以上的三大基本建構區塊。從純粹使用的角度來看，你很快就會體認到最常接觸的就是 shell（不然這個應用程式要把輸出檔案顯示在哪裡？）和關於存取控制的大小事（應用程式為何會掛掉？啊，原來是因為目錄只允許唯讀，真是的！）。

題外話：筆者在第九章當中蒐集了一些有趣的題材，從虛擬機器到現代的發行版。筆者將這些視為「進階」題材，主要是因為我覺得它們是選修課題。也就是不用急著學習它們。但如果你真的非常想要享有現代 Linux 帶來的十足威力，筆者鄭重建議你讀完第九章。無須筆者贅言，本書的內容規劃（包括第二到第八章）都是基本的章節，讀者們務必詳讀，並隨著進展將內容應用在現實當中。

可攜式的作業系統界面

我們會在本書中不時見到 *POSIX* 這個名詞，它是可攜式作業系統界面（*Portable Operating System Interface*）的縮寫。正式地說，POSIX 是一項 IEEE 的標準，它定義了 UNIX 作業系統的服務界面。其原始動機是為了要可以在不同的實作版本之間提供可攜性。所以你若是讀到「相容於 POSIX」一詞時，可以把它想像成一系列與官方採購規格特別有關的正式規格，但與日常使用沒有太大的關係。

同樣地，Linux 也是以能夠相容於 POSIX 為目標而打造，它同時也相容於 UNIX 的 System V 界面定義（UNIX 的 System V Interface Definition, SVID），這讓 Linux 具備了有如古早 AT&T UNIX 系統一般的感受，但相較於柏克萊軟體發行版（Berkeley Software Distribution, BSD）風格的系統，則顯得別樹一幟。

如果你想進一步了解 POSIX，請閱讀「POSIX Abstractions in Modern Operating Systems: The Old, the New, and the Missing」這篇文章[7]，其中對於此一主題及其面臨的挑戰，有精闢的介紹和註釋。

結論

當本書將某件事物稱為「現代」時，意思是將 Linux 運用在現代的環境之中，包括電話、（公有雲業者的）資料中心、以及樹莓派之類的嵌入式系統等等。

本章分享了 Linux 背景故事的懶人包。我們約略介紹了作業系統的一般性角色（也就是將底層硬體抽象化，並為應用程式提供一組基本功能，像是程序、記憶體、檔案和網路管理等等），還有 Linux 如何達成以上任務，尤其是關於資源可見度方面。

以下資源有助於讀者們繼續深入本章所介紹的觀念：

O'Reilly 出版書籍

- Carla Schroder 所著的《*Linux Cookbook*》[8]
- Daniel P. Bovet 和 Marco Cesati 合著的《*Understanding the Linux Kernel*》

7　*http://nsl.cs.columbia.edu/papers/2016/posix.eurosys16.pdf*
8　譯註：中文版請參閱《Linux 錦囊妙計》，林班侯譯，O'Reilly。

- Daniel J. Barrett 所著的《*Efficient Linux at the Command Line*》

- Robert Love 所著的《*Linux System Programming*》[9]

其他資源

- Advanced Programming in the UNIX Environment[10]是一套完整的教材,兼顧了入門素材及動手練習等內容。

- 兩位 Unix 祖師爺之一的 Brian Kernighan 的演說「The Birth of UNIX[11]」是絕佳的資料來源,你可以從中了解 Linux 的源頭,並學到許多 UNIX 原始觀念的來龍去脈。

事不宜遲,我們這就從核心開始展開現代 Linux 之旅吧!

---

9 譯註:中文版請參閱《Linux 系統程式設計》,蔣大偉 譯,O'Reilly。
10 *https://oreil.ly/hS0G0*
11 *https://oreil.ly/MlQ0J*

## 第二章

Linux 核心

在前一章的「作業系統到底有何重要？」一節中，我們知道了作業系統主要的作用，在於將各種硬體抽象化，同時為我們提供 API。這些 API 的程式化功能，讓我們毋需操心程式執行場合及方式，就能寫出應用程式。說穿了，就是核心為程式提供了這樣的 API。

本章會探討何謂 Linux 核心，以及你應該如何以整體方式看待它與相關元件。讀者們會學到 Linux 的整體架構，以及 Linux 核心所扮演的基本角色。本章的主要目的之一就是讓大家理解，儘管核心提供所有的中心功能，但光憑核心自己是無法構成完整的作業系統，它只是構成作業系統最中心的部分。

首先，我們還是從鳥瞰的角度開始，觀察核心如何配合並與底層硬體互動。然後我們會檢視計算的中心概念，並探討各種 CPU 架構、以及它們與核心的關係。接著會近距觀察個別的核心元件，並探討核心為程式所提供、可讓你執行的 API。最後則會觀察如何自訂及擴充 Linux 核心。

本章的目的，在於讓你了解相關的術語，幫你熟悉程式與核心之間的界面，並協助你對核心的功能有基本的認識。本章不打算將你塑造成核心開發達人，或是懂得設定與編譯核心的系統管理員。如果你真有意於此，我會在本章結尾時為你指出幾條路徑。

現在，讓我們躍身進入深水區：Linux 架構和核心在其中扮演的中心角色。

Linux 架構

從高階角度來看，Linux 的架構就如同圖 2-1 所示。你可以將事物概括區分成三個壁壘分明的階層：

硬體

從 CPU、主記憶體到磁碟機、網路界面、以及鍵盤及螢幕監視器之類的周邊裝置等等。

核心

這是本章後續篇幅的重點所在。注意有些元件位於核心與使用者空間中間的灰色地帶，像是 init 系統及系統服務（例如網路）等等，但是嚴格說起來，其實不算是核心的一部分。

使用者空間

這是大部分應用程式運行所在之處，包括作業系統元件，如 shell（第 3 章介紹）、像是 ps 或是 ssh 之類的工具程式，還有以 X 視窗系統作為桌面的圖形使用者界面等等。

本書會著重在圖 2-1 的上兩層，亦即核心與使用者領域。我們只會在這一章及少數其他章節的相關內容中略為提及硬體層。

Linux 作業系統會替兩個不同層面間的界面做清楚的定義，並納入作為套件的一部分。位於核心和使用者空間中間的，是稱為系統呼叫（*system call*，簡稱 *syscall*）的界面。我們會在第 26 頁的「系統呼叫」小節詳細說明。

而硬體與核心之間的界面則與系統呼叫不同，並非單一的個體。它包含的是一系列的個別界面，通常會按照硬體種類區分：

1. CPU 界面（請參閱第 16 頁的「CPU 架構」）

2. 與主記憶體的界面，在第 21 頁的「記憶體管理」會介紹

3. 網路界面和驅動程式（包括有線和無線網路；請參閱第 23 頁的「網路」）

4. 檔案系統和區塊裝置的驅動程式界面（請參閱 24 頁的「檔案系統」）

5. 字元裝置、硬體中斷、以及裝置驅動程式，像是鍵盤之類的輸入裝置、終端機和其他 I/O 裝置等等（請參閱 24 頁的「裝置驅動程式」）

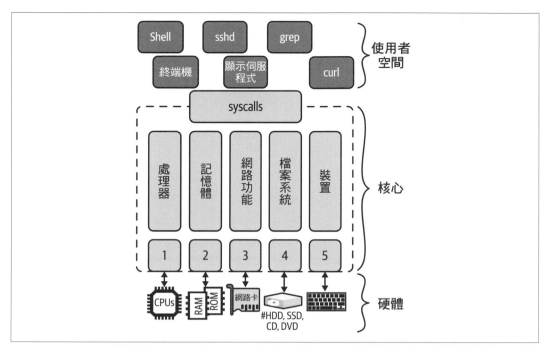

圖 2-1　Linux 架構的高階觀點

如各位所見，許多我們通常視為 Linux 作業系統一部分的事物，像是 shell 或 grep、find 和 ping 之類的工具程式，其實都並非核心的一部分，反而像是你可以下載的應用程式那樣，屬於使用者領域的一部分。

在使用者領域這個主題，你會經常耳聞使用者模式與核心模式這兩個名詞。其實它們代表的則是對於硬體存取的特權等級、以及既有抽象層受限的程度。

一般來說，**核心模式**意味著抽象程度低、執行也較快，而**使用者模式**則代表相對較慢、但也較為安全、而且更為便利的抽象層。除非你是核心開發者，不然幾乎可以完全無視核心模式，因為你所有的應用程式都會在使用者領域執行。另一方面，了解如何與核心互動（第 26 頁的「系統呼叫」）才是關鍵所在，也是我們要考量的部分。

有了這份對於 Linux 架構的概括理解，我們就可以從硬體開始說明了。

CPU 架構

在我們開始探討核心元件之前，我們要先來複習一項基本觀念：也就是電腦架構或 CPU 系列，二者經常會交互引用。Linux 可以在為數眾多的各種 CPU 架構上執行，此一事實無疑是 Linux 如此受到歡迎的原因之一。

除了一般的程式碼和驅動程式以外，Linux 核心中還含有與架構相關的程式碼。這種區分方式讓我們得以迅速地將 Linux 移植到新硬體上。

要找出你的 Linux 執行在何種 CPU 上，方法有好幾種。我們這就來觀察其中幾種。

BIOS 與 UEFI

傳統上 UNIX 和 Linux 都是透過基礎輸出入系統（Basic I/O System, BIOS）來啟動它自己的。當你啟動 Linux 筆電時，整個過程完全是由硬體控制的。首先硬體內部會被事先寫入並執行開機自我測試（Power On Self Test, POST），這是 BIOS 的一部分。POST 會確保硬體（如 RAM 等等）的功能正常。我們會在第 128 頁的「Linux 的啟動過程」中詳細說明這個機制。

在現代環境中，BIOS 的功能已經為統一延伸韌體界面（Unified Extensible Firmware Interface，UEFI）所取代，這是一套公開的規格，它定義了作業系統與平台韌體之間的軟體界面。你還是會經常在文件及相關文獻中看到 *BIOS* 這個名詞，所以筆者建議你，只須在看到時在心中自行替換成 *UEFI* 一詞，再繼續讀下去。

方法之一，就是透過名為 dmidecode 的專門工具程式 [1]，它會與 BIOS 互動。如果這招無效，還可以嘗試以下方式（輸出已經精簡過）：

```
$ lscpu
Architecture:          x86_64  ❶
CPU op-mode(s):        32-bit, 64-bit
Byte Order:            Little Endian
Address sizes:         40 bits physical, 48 bits virtual
CPU(s):                4  ❷
On-line CPU(s) list:   0-3
Thread(s) per core:    1
Core(s) per socket:    4
```

1　譯註：這支工具程式的源起在此：*https://en.wikipedia.org/wiki/Dmidecode*；設計者是 Linux 草創期開拓者之一、大名鼎鼎的 Alan Cox。

```
Socket(s):              1
NUMA node(s):           1
Vendor ID:              GenuineIntel
CPU family:             6
Model:                  60
Model name:             Intel Core Processor (Haswell, no TSX, IBRS) ❸
Stepping:               1
CPU MHz:                2592.094
...
```

❶ 這代表我們檢視的是 x86_64 架構。

❷ 看來此處一共有四顆 CPU。

❸ CPU 型號名稱是 Intel Core Processor（Haswell）。

在上述命令中，我們看到 CPU 架構被歸類為 x86_64，而其型號則是「Intel Core Processor (Haswell)」。我們馬上就會解釋如何判讀這些資訊。

另一種取得類似架構資訊的方式，就是透過 cat /proc/cpuinfo 命令，或是如果你只想知道架構，只須下達 uname -m 亦可。

現在，我們已經知道如何在 Linux 中查詢架構資訊了，接著要來學著判讀其中的內容。

x86 架構

x86 是一個指令集家族，原本由 Intel 所開發，後來又授權給 Advanced Micro Devices（AMD）。在這個核心中，x64 代表是 Intel 的 64 位元處理器，而 x86 則代表 Intel 的 32 位元產品。此外，amd64 指的則是 AMD 的 64 位元處理器。

如今你會在桌機或筆電中最常看到 x86 CPU 系列，但它其實也廣泛用於伺服器。更精確地說，x86 其實造就了如今公有雲的基礎。它是一個威力強大，應用又廣泛的架構，但其能源效益卻不甚理想。這多半要歸咎於它大量仰賴亂序執行（out-of-order execution）之故，先前不久它也曾因 Meltdown 這個安全問題而引發各種關注。

關於 Linux/x86 開機協定或 Intel 與 AMD 特定的背景，進一步詳情請參閱 x86 專屬的核心文件 [2]。

---

2 *https://oreil.ly/CBvRQ*

ARM 架構

30 多年以前，ARM 是精簡指令集運算（Reduced Instruction Set Computing, RISC）架構的成員之一。RISC 通常由多個一般性的 CPU 暫存器（CPU registers）及少數指令合組而成，執行起來較為迅速。

由於 Acorn 的設計師（Acorn 是 ARM 背後的創始公司）一開始便著重在最少的功率損耗，因此你會在許多可攜式裝置中看到 ARM 晶片的蹤影，例如 iPhone。採用 Android 的手機、以及 IoT 的嵌入式系統當中也常見它們的足跡，像樹莓派便是一例。

有鑑於這類晶片更為快速、便宜、散發熱量又遠比 x86 晶片要少，因此無庸置疑地你會越來越常在資料中心看到 ARM 系列的 CPU（像是 AWS 的 Graviton）。雖然架構較 x86 簡化，ARM 卻並非無懈可擊，像 Spectre 這類缺陷仍會造成傷害。詳情可參閱 ARM 專屬核心文件[3]。

RISC-V 架構

RISC-V（發音為 *risk five*）是一款新進的市場要角，它採用開放的 RISC 標準，其開發源於加州大學柏克萊校區。到 2021 年時已有相當數量的實作產品問世，包括阿里巴巴集團和輝達（Nvidia）、乃至於新創的 SiFive 都是參與的企業之一。其進展雖令人振奮，但還是屬於相對新穎的 CPU 系列，也尚未受到廣泛採用，如欲體驗一下其外觀及性能，可能需要花點工夫，Shae Erisson 的這篇文章「Linux on RISC-V[4]」是不錯的起點。

其餘詳情可參閱 RISC-V 核心文件[5]。

核心的元件

現在你對各種 CPU 架構已經有了基本的認識，可以來研究一下核心了。雖然 Linux 的核心屬於單體型（monolithic，亦即此處議題中的所有元件均為單一二進位檔的一部分）但在其基礎程式碼中，我們仍能分辨出各種功能領域、並賦予專門的職責。

正如第 14 頁的「Linux 架構」小節所述，核心坐落在硬體層與你執行的應用程式之間。在核心的程式碼基礎中，可以找得到以下的主要功能性區塊：

3　*https://oreil.ly/i7kj4*
4　*https://oreil.ly/6senY*
5　*https://oreil.ly/LA1Oq*

- 程序管理，包括將可執行檔案作為程序加以啟動執行

- 記憶體管理，像是為程序分配記憶體、或是將檔案對映至記憶體等等

- 網路功能，包括管理網路介面或是提供網路服務堆疊

- 檔案系統負責管理檔案，並支援檔案的建立與刪除

- 管理字元裝置與其驅動程式

這些功能性元件通常都彼此相關，因此要確保核心開發人員最重視的一句格言「核心決不涉足使用者領域」，委實是件頗具挑戰性的任務。

現在讓我們來一一觀察這些核心元件。

程序管理

在核心中有好幾個與程序管理相關的部分。有些負責處理像是中斷之類與 CPU 架構相關的內容，其他則專注在程式的啟動與排程（launching and scheduling）。

在進入 Linux 的細節以前，我們要先了解，程序通常屬於面對使用者的單位，源於可執行的程式（或二進位檔案）。而另一方面，執行緒則是程序執行時的單位。你可能看過**多執行緒**（*multithreading*）這個名詞，它的意思就是一個程序可能會分成好幾個部分平行運作，而且極可能分佈在不同的 CPU 上。

先把以上論點放在一旁，我們來看看 Linux 是如何處理它們的。Linux 會依以下範圍，將執行單位從最廣泛到最細緻進行分類：

會談（*Sessions*）

　　會談中含有一個以上的程序群，它代表一個向使用者呈現的高階單元，有時會附帶以 tty 的形式呈現。核心會以一系列的會談識別碼（*session ID*，簡稱 SID）。來識別各個會談。

程序群（*Process groups*）

　　程序群會包含一個以上的程序，一個會談中最多只能有一個程序群處於前端程序群的狀態。核心會以一系列的**程序群識別碼**（*process group ID*，簡稱 PGID）。來識別各個程序群。

程序（*Processes*）

這是一個抽象物件，將多項資源（定址空間、一個以上的執行緒、socket 等等）分組，而核心會以 */proc/self* 的形式來呈現現行程序。核心靠著**程序識別碼**這個數值（*process ID*，簡稱 PID）這個數值來識別每個程序。

執行緒（*Threads*）

核心還是以程序的型態來實現執行緒。亦即沒有專門的資料結構來呈現執行緒。相反地，執行緒其實是一個與其他程序共享特定資源的程序（如記憶體或訊號處理器（signal handlers））。核心會以**執行緒識別碼**（*thread ID*，TID）和**執行緒群識別碼**（*thread group ID*，TGID）來識別每個執行緒，共享的 TGID 值在意義上其實便代表了一個多重執行緒的程序（以使用者領域來說是如此；其實也有核心的執行緒存在，但那不在我們說明的範圍內）。

工作（*Tasks*）

在核心中有所謂 task_struct 這種資料結構（它定義在 *sched.h* 裡，該結構形成了實作程序和執行緒的基礎。這個資料結構會捕捉與排程相關的資訊及識別碼（如 PID 和 TGID）、訊號處理器及其他與效能及安全性相關的資訊。說白了就是上述的各種單元，其實皆為衍生自工作、或是與工作緊密相關的；然而工作不會出現在核心以外的場合。

到了第六章，我們會親眼目睹真正現實中的會談、程序群及程序，並學到如何管理它們，而第九章時它們會再度隨著容器的概念登場。

我們來看看以上概念在現實中是如何呈現的：

```
$ ps -j
PID    PGID   SID    TTY    TIME CMD
6756   6756   6756   pts/0  00:00:00 bash ❶
6790   6790   6756   pts/0  00:00:00 ps ❷
```

❶ bash shell 這個程序的 PID、PGID 和 SID 都是 6756。如果檢視 ls -al /proc/6756/task/6756/，就能看到工作層級的資訊。

❷ ps 命令的程序的 PID/PGID 則是 6790，SID 則和 shell 相同。

我們先前提到過，在 Linux 裡面，工作的資料結構含有一些與排程有關的資訊。亦即在任何時刻，程序必定處於某種狀態，如圖 2-2 所示。

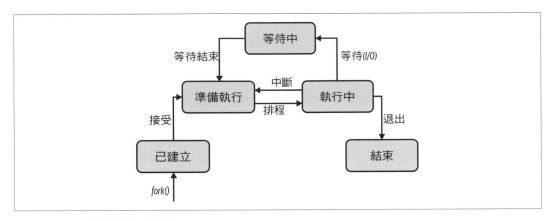

圖 2-2　Linux 程序的各種狀態

 嚴格來說，程序狀態其實還要再複雜一點；舉例來說，Linux 會區分可中斷及不可中斷的休眠（sleep）狀態，此外還有殭屍狀態（亦即已與來源程序（parent process）失去聯絡）。如果你有興趣了解其中細節，請參閱「Process States in Linux[6]」一文。

不同的事件都會引起狀態變換。舉例來說，執行中的程序會因執行某些 I/O 操作（像是讀取檔案之類）而轉換成等待中的狀態，因而無法繼續執行（off CPU）。

簡單看過程序管理之後，接下來是另一個相關議題：記憶體。

記憶體管理

虛擬記憶體讓你的系統感覺上擁有比實體還要多的記憶體空間。事實上，每個程序都會擁有大量的（虛擬）記憶體。它是這樣運作的：實體和虛擬記憶體都會被分割成固定長度的區塊，也就是所謂的分頁（*pages*）。

圖 2-3 便顯示了兩個程序的虛擬定址空間，兩者都有自己的分頁表。這些分頁表會把程序的虛擬分頁對應到主記憶體（也就是 RAM）的實體分頁。

6　*https://oreil.ly/XBXbU*

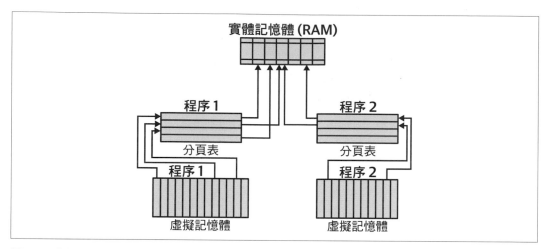

圖 2-3　虛擬記憶體管理概覽

多個虛擬分頁皆可透過自己所屬程序的分頁表指向相同的實體分頁。這就相當於記憶體管理的核心觀念:如何有效地讓每個程序都以為自己的分頁真的一直都停留在 RAM 當中,藉此有效地運用既有空間。

每當 CPU 存取某個程序的虛擬分頁時,理論上 CPU 都會將該程序使用的虛擬位址轉譯成相應的實體位址。但為了加速此一過程(因為它涉及多個層面,因而相對緩慢),近代的 CPU 架構都支援可在晶片內查詢所謂的轉譯後備緩衝區(translation lookaside buffer, TLB)。TLB 基本上就是一個小小的快取區域,如果在其中的查詢一無所獲,CPU 才會改用程序分頁表來計算分頁的實體位址,然後將結果更新到 TLB。

傳統上,Linux 預設的分頁大小都是 4KB,但從 v2.6.3 的核心開始,便支援更龐大的分頁,以便能更有效地支援近代架構和處理工作負載。舉例來說,64 位元的 Linux 便允許每個程序使用高達 128 TB 的虛擬定址空間(虛擬指的是理論上的可定址記憶體位址),而實體記憶體總共才約莫 64 TB(實體指的其實就是你機器中的 RAM)。

好,理論講得夠多了。我們來看一下實際的例子。要知道與記憶體相關的資訊,像是有多少 RAM 可用,最有效的工具莫過於 /proc/meminfo 介面:

```
$ grep MemTotal /proc/meminfo ❶
MemTotal:       4014636 kB

$ grep VmallocTotal /proc/meminfo ❷
VmallocTotal:   34359738367 kB

$ grep Huge /proc/meminfo ❸
```

```
AnonHugePages:          0 kB
ShmemHugePages:         0 kB
FileHugePages:          0 kB
HugePages_Total:        0
HugePages_Free:         0
HugePages_Rsvd:         0
HugePages_Surp:         0
Hugepagesize:        2048 kB
Hugetlb:                0 kB
```

❶ 列出實體記憶體（RAM）的詳情；這裡有 4 GB。

❷ 列出虛擬記憶體的詳情；這裡大概比 34 TB 再多一點。

❸ 列出巨大分頁的資訊；此處分頁量顯然是 2 MB。

現在我們要進展到下一個核心功能：網路。

網路功能

核心的重大任務之一，就是提供網路功能。無論是要上網瀏覽、抑或是將檔案複製到遠端系統，都離不開網路。

Linux 的網路堆疊遵循下列分層式架構：

插座（*Sockets*）

用於將通訊抽象化

傳輸控制協定（*Transmission Control Protocol, TCP*）與使用者資料單元協定（*User Datagram Protocol, UDP*）

分別用於連線導向通訊和非連線導向通訊

網際網路協定（*Internet Protocol, IP*）

為機器定址

以上三個動作就是歸核心處理的。至於 HTTP 或 SSH 之類應用程式層的協定，通常則是在使用者領域實作的。

你可以用 `ip link` 觀察網路介面（輸出已經過簡化編排）：

```
$ ip link
1: lo: <LOOPBACK,UP,LOWER_UP> mtu 65536 qdisc noqueue state UNKNOWN mode
   DEFAULT group default qlen 1000 link/loopback 00:00:00:00:00:00
```

```
    brd 00:00:00:00:00:00
2: enp0s1: <BROADCAST,MULTICAST,UP,LOWER_UP> mtu 1500 qdisc fq_codel state
    UP mode DEFAULT group default qlen 1000 link/ether 52:54:00:12:34:56
    brd ff:ff:ff:ff:ff:ff
```

此外，`ip route` 則可顯示路由資訊。由於本書有一章是專門介紹網路功能的（第七章），屆時會深入說明網路堆疊、支援的協定、以及典型的操作方式，關於核心的網路功能會到此先打住，我們要先繼續介紹下一個核心元件，即區塊元件和檔案系統。

檔案系統

Linux 以檔案系統來組織儲存裝置上（例如機械式硬碟和固態硬碟、或是快閃記憶體隨身碟等等）的檔案和目錄。檔案系統類型多不勝數，包括 ext4、btrfs 或 NTFS 等等，但你可以同時使用多個同類型的檔案系統實例。

虛擬檔案系統（Virtual File System, VFS）原本是用來支援多個檔案系統類型和實例的。VFS 中的頂層會提供一個共通的 API，為各種動作提供抽象化功能，像是開啟、關閉、讀取和寫入等等。而 VFS 的底層則會將每種個別檔案系統抽象化，也就是所謂的檔案系統外掛程式（*plug-ins*）。

第五章會再詳細介紹檔案系統及檔案操作。

裝置驅動程式

所謂的驅動程式（*driver*），其實還是核心裡的一段程式碼。其任務就是管理裝置，而裝置既可以是實際的硬體（像是鍵盤、滑鼠或硬碟），也可以是偽裝置（pseudo-device），例如 */dev/pts/* 底下的虛擬終端機（pseudo terminal）（亦即並非實體裝置，只是被當成像實體裝置一樣對待）。

另一個有趣的硬體類別則是繪圖處理單元（*graphics processing units*, GPU），傳統上原是用來為繪圖輸出做加速處理、並減輕 CPU 負擔的。近年來 GPU 又有了新的用途，就是在機器學習（machine learning）中參上一腳，因而它也不再只是跟桌上電腦環境有關而已了。

驅動程式可以用靜態的方式直接寫在核心當中，或是以核心模組的方式建置（請參閱第 30 頁的「模組」一節），以便於在需要時才動態載入。

倘若你有興趣以互動方式探索裝置驅動程式,也想知道核心元件彼此如何互動,請參閱 Linux 核心配置圖 [7]。

核心驅動程式模型相當複雜,也不在本書探討範圍之內。但以下提示了一些與其互動的方式,剛好夠讓讀者們淺嘗一下其中況味。

如果要概覽 Linux 系統中所有的裝置,請這樣做:

```
$ ls -al /sys/devices/
total 0
drwxr-xr-x 15 root root 0 Aug 17 15:53 .
dr-xr-xr-x 13 root root 0 Aug 17 15:53 ..
drwxr-xr-x  6 root root 0 Aug 17 15:53 LNXSYSTM:00
drwxr-xr-x  3 root root 0 Aug 17 15:53 breakpoint
drwxr-xr-x  3 root root 0 Aug 17 17:41 isa
drwxr-xr-x  4 root root 0 Aug 17 15:53 kprobe
drwxr-xr-x  5 root root 0 Aug 17 15:53 msr
drwxr-xr-x 15 root root 0 Aug 17 15:53 pci0000:00
drwxr-xr-x 14 root root 0 Aug 17 15:53 platform
drwxr-xr-x  8 root root 0 Aug 17 15:53 pnp0
drwxr-xr-x  3 root root 0 Aug 17 15:53 software
drwxr-xr-x 10 root root 0 Aug 17 15:53 system
drwxr-xr-x  3 root root 0 Aug 17 15:53 tracepoint
drwxr-xr-x  4 root root 0 Aug 17 15:53 uprobe
drwxr-xr-x 18 root root 0 Aug 17 15:53 virtual
```

此外,也可以如此列出已掛載的裝置:

```
$ mount
sysfs on /sys type sysfs (rw,nosuid,nodev,noexec,relatime)
proc on /proc type proc (rw,nosuid,nodev,noexec,relatime)
devpts on /dev/pts type devpts (rw,nosuid,noexec,relatime,gid=5,mode=620, \
ptmxmode=000)
...
tmpfs on /run/snapd/ns type tmpfs (rw,nosuid,nodev,noexec,relatime,\
size=401464k,mode=755,inode64)
nsfs on /run/snapd/ns/lxd.mnt type nsfs (rw)
```

至此我們已經約略看過了 Linux 核心的全部元件,接下來要來看看核心與使用者領域之間的介面。

---

7 *https://oreil.ly/voBtR*

系統呼叫

無論你是坐在終端機前輸入 `touch test.txt` 的字樣，還是你的某個應用程式要從遠端系統下載檔案內容，到頭來都得讓 Linux 把「建立一個檔案」、或是「讀取從某位址到某位址的全部位元組資料」這些高階指令，轉換成一系列由架構決定的實際步驟。換句話說，核心提供的服務介面和使用者領域的實體呼叫便是一組系統呼叫（system call），又簡稱為 syscall。

Linux 中有上百種系統呼叫：約莫超過 300 種，總數則要看屬於何種 CPU 系列而定。然而你自己和程式都無須直接使用這些系統呼叫，而是透過俗稱 C 語言標準程式庫的方式來進行的。標準程式庫提供包裝函式（wrapper functions），而且會以各種實作方式呈現，像是 glibc 或是 musl。

這些包裝程式庫職責重大。它們會負責系統呼叫執行時所需的重複性低階處理動作。系統呼叫會實作成軟體中斷的方式，一旦執行便會形成一個例外（exception）、並將控制權轉移給例外處理器（exception handler）。每當系統呼叫被引用時，都會有好幾個步驟要進行，如圖 2-4 所示：

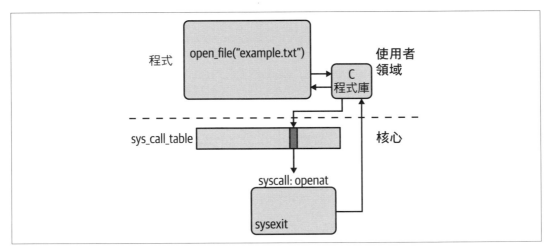

圖 2-4　Linux 裡的系統呼叫執行順序

1. 定義在標頭檔 *syscall.h* 及相關 CPU 架構的檔案當中，核心會運用所謂的**系統呼叫表**（*syscall table*）來追蹤系統呼叫及相關的中斷處理器，該表其實就是一組存放在記憶體中的函式指標陣列（an array of function pointers）（位在 *sys_call_table* 變數裡）。

2. system_call() 函式的運作就像是一個多工的系統呼叫器，它首先將硬體的現況儲存在堆疊中，然後會進行檢查（例如是否要做追蹤），接著便跳到 sys_call_table 中，相應的系統呼叫編號索引所指向的函式。

3. 當系統呼叫以 sysexit 結束執行後，包裝程式庫便會還原系統狀態，而使用者領域的程式便會繼續執行。

以上步驟中最值得注意的是核心模式與使用者模式之間的切換，這是一個很耗時的動作。

好，理論聽起來很枯燥，我們來看看以上概念在現實中是如何呈現的，來看一個真實的例子。利用 *strace* 來觀察幕後的內情，如果你手邊沒有某個程式的原始碼、卻想知道它在搞什麼鬼時，這個工具對於故障排除會相當有用。

假設你想知道，執行看似人畜無害的 ls 命令時，會涉及哪些系統呼叫。以下便是如何以 strace 來檢查的方式：

```
$ strace ls ❶
execve("/usr/bin/ls", ["ls"], 0x7ffe29254910 /* 24 vars */) = 0 ❷
brk(NULL)                        = 0x5596e5a3c000 ❸
...
access("/etc/ld.so.preload", R_OK) = -1 ENOENT (No such file or directory) ❹
openat(AT_FDCWD, "/etc/ld.so.cache", O_RDONLY|O_CLOEXEC) = 3 ❺
...
read(3, "\177ELF\2\1\1\0\0\0\0\0\0\0\0\0\3\0>\0\1\0\0\0 p\0\0\0\0\0\0\0"..., \
832) = 832 ❻
...
```

❶ 一旦執行 strace ls，就等於要求 strace 捕捉 ls 所使用的系統呼叫。注意筆者已經整理過以上的輸出結果，因為 strace 在筆者的系統上會產出約莫 162 行的輸出（這個數字在各個發行版、CPU 架構上都不見得相同）。此外，你所見到的輸出都是透過 stderr 提供的，所以如果你想把輸出重導向至別處，請記得用 2>。這些詳情都會在第三章提到。

❷ execve 這個系統呼叫會負責執行 */usr/bin/ls*，進而取代 shell 程序。

❸ brk 這個系統呼叫屬於較老式的記憶體分配方式；改用 malloc 會較為安全、可攜性也較佳。注意 malloc 並不算是系統呼叫，而是一種函式，它會轉而引用 mallocopt，並根據存取的記憶體量來判斷是要使用 brk 還是 mmap 的系統呼叫。

❹ 系統呼叫 access 會檢查程序是否有權存取特定檔案。

❺ 系統呼叫 openat 會開啟與目錄的檔案描述器（directory file descriptor）相關的檔案 */etc/ld.so.cache*（這裡的第一個引數 AT_FDCWD 便代表當下所在的目錄），並使用旗標 O_RDONLY|O_CLOEXEC（即最後一個引數）。

❻ 系統呼叫 read 會從檔案描述器（第一個引數 3）讀出 832 個位元組的資料（最末一個引數）並放入暫存區（第二個引數）。

strace 在追蹤究竟用到哪些系統呼叫時非常有用（不論是以何種順序呼叫、用到哪些引數，都一目了然），它有效地把使用者領域和核心之間的事件流程釐得一清二楚。它也十分善於診斷效能問題。我們來試試看，curl 命令會將大部分時間花在哪裡（輸出已經過精簡）：

```
$ strace -c \ ❶
        curl -s https://mhausenblas.info > /dev/null ❷
% time     seconds  usecs/call     calls    errors syscall
------ ----------- ----------- --------- --------- ----------------
 26.75    0.031965         148       215           mmap
 17.52    0.020935         136       153         3 read
 10.15    0.012124         175        69           rt_sigaction
  8.00    0.009561         147        65         1 openat
  7.61    0.009098         126        72           close
  ...
  0.00    0.000000           0         1           prlimit64
------ ----------- ----------- --------- --------- ----------------
100.00    0.119476         141       843        11 total
```

❶ 用選項 -c 來產生系統呼叫所耗用的統計概覽。

❷ 將 curl 自身的執行輸出棄而不看。

有趣的是，以上的 curl 命令把幾乎一半的時間消耗在 mmap 和 read 這兩個系統呼叫上，而系統呼叫 connect 只花了 0.3 毫秒——還不賴。

為了協助讀者們體會整體範圍，筆者整理了表 2-1，其中列出核心元件以及系統層面普遍使用的系統呼叫範例。你可以在系統手冊 man page 的 section 2[8] 中找到系統呼叫的細節，以及其參數與回傳值。

8　*https://oreil.ly/qLOA3*

表 2-1 系統呼叫範例

類別	系統呼叫範例
程序管理	clone, fork, execve, wait, exit, getpid, setuid, setns, getrusage, capset, ptrace
記憶體管理	brk, mmap, munmap, mremap, mlock, mincore
網路功能	socket, setsockopt, getsockopt, bind, listen, accept, connect, shutdown, recvfrom, recvmsg, sendto, sethostname, bpf
檔案系統	open, openat, close, mknod, rename, truncate, mkdir, rmdir, getcwd, chdir, chroot, getdents, link, symlink, unlink, umask, stat, chmod, utime, access, ioctl, flock, read, write, lseek, sync, select, poll, mount,
時間	time, clock_settime, timer_create, alarm, nanosleep
信號	kill, pause, signalfd, eventfd,
通用	uname, sysinfo, syslog, acct, _sysctl, iopl, reboot

網路上有一份饒富趣味的互動式系統呼叫圖表[9]，還附上了原始碼供參考。

現在大家已經對 Linux 核心、其主要元件及界面都有起碼的認識了，我們要繼續進行到下一個問題，亦即如何加以擴展。

核心的擴展

在這個小節，我們要專注在如何擴展核心的議題上。我們可以把以下的內容視為進階和非必要的。也就是你在日常工作上不一定會用到它。

設定和編譯你自己的 Linux 核心並不在本書範圍之內。如果想知道如何進行，筆者建議大家去讀 Greg Kroah-Hartman 所著的《*Linux Kernel in a Nutshell*》（O'Reilly 出版），該書作者同時也是專案領導人和主要的 Linux 維護者之一。他詳述了完整的過程，從下載原始碼、到設定和安裝等步驟、以及運行時的核心選項。

---

9 *https://oreil.ly/HKu6Y*

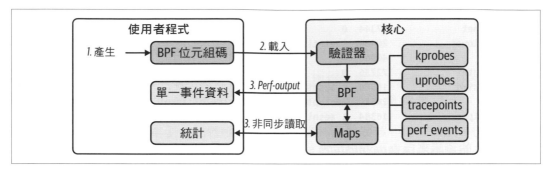

圖 2-5　Linux 核心裡的 eBPF 一覽

eBPF 已經運用在數種場合，以及以下範例：

當成 CNI 附掛程式，以便啟用 Kubernetes 中 pod 的網路功能

例如在 Cilium 和 Calico 專案裡便是如此。此外也用在服務擴展上（service scalability）。

可觀察性

用於 Linux 核心追蹤，像是 iovisor/bpftrace，以及用 Hubble 設置叢集等等（請參閱第八章）。

作為安全控制

例如在使用 CNCF Falco[11] 之類的專案時，搭配進行容器的執行期掃描。

用於網路負載平衡

像是臉書的 L4 katran 程式庫。

在 2021 年中，Linux 基金會宣布，臉書、Google、Isovalent、微軟及 Netflix 共同成立了 eBPF 基金會，讓 eBPF 專案得以擁有一個不受特定廠商主控的棲身之所。請大家持續關注！

如果你想隨時掌握最新進展，請參閱 *ebpf.io*。

---

11 *https://falco.org*

結論

Linux 核心是 Linux 作業系統的重心所在，而且是不分何種發行版或 Linux 的使用環境（桌機或筆電），你都應該對核心的元件及其功能有基本的認識。

本章檢視了 Linux 的整體架構、核心扮演的角色以及其介面。最重要的是，核心將硬體的差異抽象化了（不論是 CPU 架構還是周邊裝置皆然），因而使得它極易在硬體間轉換。最重要的介面自然非系統呼叫莫屬，透過系統呼叫，核心得以將功能開放出來（可以是開啟檔案、配置記憶體、或是列舉網路介面等）。

我們也觀察了核心內部的工作方式，包括模組和 eBPF。如果你想擴展核心功能、或是在核心當中實作效能工具（從使用者空間控制），那麼 eBPF 絕對值得詳加研究。

倘若你還想進一步研習核心中的特定面向，以下所列的資源應該可以做為大家的入手之處：

一般議題

- Michael Kerrisk 所著的《*The Linux Programming Interface*》（《The Linux Programming Interface 國際中文版》，廖明沂、楊竹星 譯，碁峰資訊出版）。
- Linux Kernel Teaching（*https://oreil.ly/lMzbW*）提供了相當精闢的深入介紹。
- 「Anatomy of the Linux Kernel」（*https://oreil.ly/it2jK*）提供了高階觀點的介紹。
- 「Operating System Kernels」（*https://oreil.ly/9d93Y*）一文中有相當好的闡述，同時也比較了核心設計的方式。
- 如果你想深入自己動手的題材，KernelNewbies（*https://oreil.ly/OSfbA*）是極佳的資源。
- kernelstats（*https://oreil.ly/kSov7*）依時序介紹了一些有趣的發行版。
- The Linux Kernel Map（*https://oreil.ly/G55tF*）以視覺方式呈現核心的元件及相依關係。

記憶體管理

- *Understanding the Linux Virtual Memory Manager*（*https://oreil.ly/uKjtQ*）
- 「The Slab Allocator in the Linux Kernel」（*https://oreil.ly/dBLkt*）
- 核心相關文件（*https://oreil.ly/sTBhM*）

通常你會想用指令碼來代勞特定的重複性任務，而非事必躬親。還有，指令碼是許多組態及安裝系統的基礎。它十分方便。然而如果使用不慎，指令碼也可能十分危險。因此當你考慮撰寫指令碼時，請把圖 3-1 所示的 XKCD 網路漫畫記在心裡。

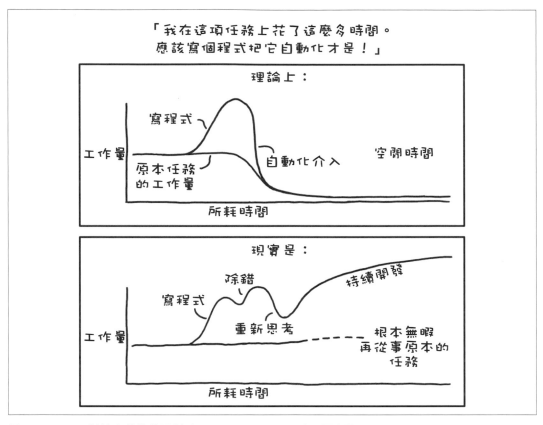

圖 3-1　XKCD 對於自動化的諷刺（*https://oreil.ly/GSKUb*）。原畫是 Randall Munroe
　　　　（基於 CC BY-NC 2.5 授權引用）

筆者鄭重建議讀者們在手邊準備一套 Linux 的環境，以便隨時實驗本書中的範例。現在大家是否已經準備好動手了呢？如果一切都就緒了，我們就先從術語及基本的 shell 使用開始講起。

基礎

在我們一頭栽進各種選項和設定之前，先來熟悉一下若干基本的術語，例如*終端機*（*terminal*）和 *shell* 之類。在這個小節裡，筆者會定義各項術語、並向讀者們說明如何在 shell 中完成各種日常任務。我們同時也會瀏覽各種現代化的命令，以及它們的實際用途。

終端機

我們先從終端機（terminal）、或者說是終端機模擬器（terminal emulator）、軟體終端機（soft terminal）談起，它們代表的都是同樣的事物：現在提到*終端機*，都是指可以提供文字化使用者介面的程式。也就是說，終端機會從鍵盤讀取輸入，並同時將其顯示在螢幕上。多年以前，這些動作是由同一套整合裝置共同完成的（那時的鍵盤和螢幕還是完整的一組硬體裝置），但如今的終端機都只不過是軟體而已。

除了擔任基本的字元型態輸入與輸出以外，終端機還支援所謂的*跳脫序列*（*escape sequences*），又稱為*跳脫碼*（*escape codes*），便於處理游標及畫面之用、有時還可提供彩色畫面。舉例來說，按下 Ctrl+H 便有倒退鍵的作用，這會刪除游標左側的字元。

而環境變數 TERM 則含有正在使用何種終端機模擬器的資訊，其組態可透過以下的 infocmp 命令來觀察[1]（注意輸出文字已經過精簡）：

```
$ infocmp ❶
#       Reconstructed via infocmp from file: /lib/terminfo/s/screen-256color
screen-256color|GNU Screen with 256 colors,
        am, km, mir, msgr, xenl,
        colors#0x100, cols#80, it#8, lines#24, pairs#0x10000,
        acsc=++\,\,--.00``aaffgghhiijjkkllmmnnooppqqrrssttuuvvwwxxyyzz{{||}}~~,
        bel=^G, blink=\E[5m, bold=\E[1m, cbt=\E[Z, civis=\E[?25l,
        clear=\E[H\E[J, cnorm=\E[34h\E[?25h, cr=\r,
        ...
```

❶ infocmp 輸出的訊息可能一時難以理解。如果讀者們有意理解其功能，請參閱 terminfo[2] 資料庫。舉例來說，以上的輸出便代表支援單頁每行 80 個字（cols#80）及 24 行（lines#24）的輸出畫面，同時可以有 256 種顏色（寫成 colors#0x100 的十六進位註記法）。

---

1 譯註：若要觀察環境變數 TERM 內容，請使用 echo $TERM。
2 *https://oreil.ly/qjwiv*

以下與 shell 的互動便展示了預設的行為模式：

```
$ cat
This is some input I type on the keyboard and read on the screen^C
```

我們在上列的範例中使用了 cat，以便觀察其預設行為模式。注意筆者在最後加上了 Ctrl+C（顯示為 ^C），以便結束命令。

如果你不想按照 shell 提供的預設方式進行，例如說，不想把 stderr 的輸出送到畫面上，而是想把它寫到檔案裡，就可以將串流轉向（redirect）。

你可以利用檔案描述符 $FD> 和 <$FD 將程序的輸出串流轉向。舉例來說，2> 代表將 stderr 輸出轉向。注意 1> 和 > 的意思都是一樣的，因為後者是 stdout 的預設寫法。如果你想同時將 stdout 和 stderr 轉向，就寫成 &>，如果你想把串流中的訊息棄置不理，將其轉向至 /dev/null 即可。

我們來看看以上概念在實際範例是如何運作的，我們試著用 curl 下載一些 HTML 的檔案內容：

```
$ curl https://example.com &> /dev/null ❶

$ curl https://example.com > /tmp/content.txt 2> /tmp/curl-status ❷
$ head -3 /tmp/content.txt
<!doctype html>
<html>
<head>
$ cat /tmp/curl-status
  % Total    % Received % Xferd  Average Speed   Time    Time     Time  Current
                                 Dload  Upload   Total   Spent    Left  Speed
100  1256  100  1256    0     0   3187      0 --:--:-- --:--:-- --:--:--  3195

$ cat > /tmp/interactive-input.txt ❸

$ tr < /tmp/curl-status [A-Z] [a-z] ❹
  % total    % received % xferd  average speed   time    time     time  current
                                 dload  upload   total   spent    left  speed
100  1256  100  1256    0     0   3187      0 --:--:-- --:--:-- --:--:--  3195
```

❶ 將 stdout 和 stderr 都轉向至 */dev/null*，藉此將所有輸出皆棄置不理。

❷ 將輸出和狀態分別轉向，儲存至不同的檔案。

❸ 以互動方式輸入、並將輸入內容存至檔案；此時需以 Ctrl+D 停止捕捉輸入的內容、並結束儲存。

---

❹ 將所有的字改成小寫，這是透過 tr 命令進行的，而命令的輸入是從 stdin 讀入的。

Shell 通常都可以理解各種特殊字元的用意，例如：

Ampersand（&）

位於命令的最末端，它會把命令放到背景端執行（請參閱第 45 頁的「工作控管」一節）

反斜線（\）

用來延續下一行的命令內容，這是為了方便閱讀冗長的命令設計的

管線（|）

把一個程序的 stdout 串接到下一個程序的 stdin，這樣一來就可以直接傳遞資料，無須先暫存在檔案中作為傳遞之用。

管線與 **UNIX** 哲學

雖說管線乍看之下沒什麼，但其實其中大有學問。筆者曾與當初發明管線處理概念的原作者 Doug McIlroy 有過一番饒富趣味的探討。當時我寫了「2018 年對於 Unix 哲學的重新省思」一文（Revisiting the Unix Philosophy in 2018[8]）一文，文中比較了 UNIX 與微服務（microservices）之間的關係。有人在文章下面提出了見解，而那篇文章引出了 Doug 寫給我的一封電子郵件（這令我十分意外，我甚至得求證信件是否真為 Doug 本人所發）以便澄清一些觀念。

同樣地，我們再來觀察一些理論內容在實際中的例子。我們要用 curl 下載一個 HTML 檔案，然後用管線將檔案內容轉送給 wc 這個工具，藉以計算檔案中總共有幾行文字：

```
$ curl https://example.com 2> /dev/null | \ ❶
  wc -l ❷
46
```

❶ 利用 curl 從 URL 下載檔案內容，同時將過程中輸出至 stderr 的狀態訊息棄之不理。（注意：其實你可以用 curl 的選項 -s 來抑制狀態訊息的輸出，但我們總還是要驗證一下新學到的知識嘛。）

❷ curl 的 stdout 被轉向給 wc 的 stdin，後者會藉由選項 -l 緊接著計算檔案內容的行數。

8　*https://oreil.ly/KTU4q*

筆者在表 3-1 中列出了常見的 shell 變數及環境變數。你幾乎在四處都可看到這些變數的蹤影，而它們的用途也很要緊，值得了解一番。對於任何變數，你都可以用 echo $XXX 的方式來查閱其中的資料值，而 XXX 就是變數名稱。

表 3-1　常見的 shell 變數及環境變數

變數	類型	語境
EDITOR	環境	預設用來編輯檔案的程式路徑
HOME	POSIX	現行使用者的家目錄路徑
HOSTNAME	bash shell	當下所在主機的名稱
IFS	POSIX	列出分離欄位用的字元；shell 用來區隔展開的文字字樣
PATH	POSIX	其中含有 shell 會去尋找可執行檔（亦即二進位檔案或指令碼檔案）的目錄清單
PS1	環境	原始的 shell 命令輸入提示字串
PWD	環境	現行工作目錄的完整路徑
OLDPWD	bash shell	執行上一個 last cd 命令之前所在目錄的完整路徑
RANDOM	bash shell	一個介於 0 到 32767 之間的隨機值
SHELL	環境	含有目前使用的 shell 名稱
TERM	環境	正在使用的終端機模擬器
UID	環境	現行使用者的獨特識別碼（整數）
USER	環境	現行使用者的名稱
_	bash shell	前一個在前景執行命令的最後一個引數 [11]
?	bash shell	退出狀態；請參閱第 44 頁的「退出的狀態」一節
$	bash shell	現行程序的識別碼（整數）
0	bash shell	現行程序的名稱

此外，你可以參閱 bash 特有變數的完整清單 [12]，此外請注意，表 3-1 中的變數將會在第 68 頁「Scripting」一節中再度登場。

---

11 譯註：有趣的是，如果前一個命令正好是 echo 變數內容，$_ 取出的便不是作為引數的變數名稱、而是變數的內容。

12 *https://oreil.ly/EIgVc*

退出的狀態

Shell 會利用一種稱為**退出狀態**（*exit status*）的變數來通知執行程式的一方，其命令已經執行完畢。Linux 通常會在命令終止時傳回一個狀態。它可以是正常結束的終止（一切如意）、或是不正常的中止（中途發生問題了）。退出狀態若為 0，便代表命令執行成功，而且未曾發生錯誤，若狀態為介於 1 和 255 之間的非零值，便表示有故障發生。若要查詢退出狀態，請用 echo $? 來做 [13]。

此外請注意管道中的退出狀態處理，因為有些 shell 只會留存最後一個狀態碼。如果要因應這種限制，請改用 $PIPESTATUS[14]。

內建命令

Shell 附帶一組內建命令。其中相當有用的就包括 yes、echo、cat 或是 read 等等（看你的 Linux 發行版而定，有些命令可能不是以 shell 的內建形式存在，而是位於 */usr/bin* 之下）。你可以用 help 命令將內建命令列出來。但請記住，除此以外的命令都是 shell 的外部程式，通常位於 */usr/bin* 底下（亦即供使用者操作的命令）、或是位於 */usr/sbin* 底下（亦即供管理者操作的命令）。

那麼，你要如何得知在哪裡可以找得到某個執行檔呢？以下便是：

```
$ which ls
/usr/bin/ls

$ type ls
ls is aliased to `ls --color=auto'
```

本書的技術審閱者之一指出，which 並非 POSIX 標準，而是屬於外部程式，因此不見得隨處可用。此外，審稿人員也建議改用 *command* -v 的形式來取代 which [15]，以便判斷其背後是程式路徑或是 shell 的別名／函式。詳情請參閱 shellcheck 文件 [16]。

---

13 譯註：注意！若要查詢前一次執行的結果狀態，必須在執行目標完成後立即以 echo $? 查詢；若重複執行 echo $?，你查到的其實已經是 echo $? 本身的執行成敗紀錄。

14 譯註：例如執行 ls -al | more 以便觀察一頁以上的目錄內檔案清單，就算執行無誤，$? 呈現的也會是 more 執行成功的結果。讀者們不妨故意把管線前的命令打錯字，譬如 ld -al | more 好了，這時若直接檢視 $?，其結果仍為 0（因為 more 沒有發生錯誤，錯誤發生在我們故意把 ls 拼錯字的 ld）；若再度製造一次同樣錯誤（記住 $? 記憶的是前一次執行的退出狀態碼哦），這時改以 $PIPESTATUS 檢查，就會查出 1 的狀態碼了（表示管線中出現過錯誤）。

15 譯註：例如要查詢 ls 的背景，就不要用 which ls 來查，而是改用 command -v ls 來查。

16 *https://oreil.ly/5toUM*

用 bat 檢視檔案內容

假設你已列出了目錄內容，也找到了你要檢查的檔案。也許你會用 cat 來檢視，是嗎？其實有更好的工具，筆者建議你試試 bat[18]。正如圖 3-3 所示，bat 命令帶有語法凸顯功能，能顯示無法印出的字元，也支援 Git，同時內建換頁功能（亦即當檔案顯示內容超過一個螢幕大小的頁面時）[19]。

用 rg 尋找檔案內容

通常大家都用 grep 來尋找檔案內容。然而，這也有現代化替代品可用，就是 rg[20]，它既快速又強大。

下例中會比較 rg 和組合 find 與 grep 之間的效果，範例目標是找出含有字串「sample」字樣的 YAML 檔案：

```
$ find . -type f -name "*.yaml" -exec grep "sample" '{}' \; -print ❶
    app: sample
        app: sample
./app.yaml

$ rg -t "yaml" sample ❷
app.yaml
9:      app: sample
14:         app: sample
```

❶ 合併使用 find 和 grep，在 YAML 檔案中尋找字串。

❷ 以 rg 進行同樣的任務。

如果你比較上例中的命令和執行結果，就會發現 rg 不僅使用起來簡單，其結果資訊也比較豐富（包括更多背景資訊，以本例來說就是行號）。

---

18 *https://oreil.ly/w3K76*
19 譯註：譯者在 Ubuntu 22.04 上測試，裝好 bat 後，命令會變成 batcat。
20 *https://oreil.ly/u3Sfw*

```
File: main.go

 1  package main
 2
 3  import (
 4      "fmt"
 5      "net/http"
 6  )
 7
 8  func main() {
 9      http.HandleFunc("/", HelloServer)
10      http.ListenAndServe(":8080", nil)
11  }
12
13  func HelloServer(w http.ResponseWriter, r *http.Request) {
14      fmt.Fprintf(w, "Hello, %s!", r.URL.Path[1:])
15  }
```

```
File: app.yaml

 1    apiVersion: apps/v1
 2    kind: Deployment
 3    metadata:
 4      name: something
 5 +    namespace: xample
 6    spec:
 7      selector:
 8        matchLabels:
 9          app: sample
10 ~    replicas: 2
11      template:
12        metadata:
13          labels:
14            app: sample
15        spec:
16          containers:
17          - name: example
18 _          image: public.ecr.aws/mhausenblas/example:stable
```

圖 3-3　用 bat 列出一個 Go 語言檔案（上方）及一個 YAML 檔案（下方）的內容

以 jq 處理 JSON 資料

現在到了加分時間了。我們要介紹 jq 這個命令，它其實並不算是替代品，而更像是 JSON 的專用工具，JSON 本身就是一種極受歡迎的文字資料格式。你可以在 HTTP API 及類似的設定檔中看到 JSON 的身影。

所以現在都用 jq[21] 取代 awk 或 sed 來擷取特定資料值。舉例來說，如果用 JSON generator[22] 來產生一些隨機資料，筆者手邊便有一個 2.4 KB 的 JSON 檔案 *example.json*，看起來就像下面這樣（以下只顯示其中第一筆紀錄）：

```
[
  {
    "_id": "612297a64a057a3fa3a56fcf",
    "latitude": -25.750679,
    "longitude": 130.044327,
    "friends": [
      {
        "id": 0,
        "name": "Tara Holland"
      },
      {
        "id": 1,
        "name": "Giles Glover"
      },
      {
        "id": 2,
        "name": "Pennington Shannon"
      }
    ],
    "favoriteFruit": "strawberry"
  },
  ...
```

假設我們只對那些最喜歡的水果是「草莓」的人的第一位朋友有興趣，亦即 friends 這個陣列中的第 0 個元素。如果用 jq 查詢，可以這樣寫：

```
$ jq 'select(.[].favoriteFruit=="strawberry") | .[].friends[0].name' example.json
"Tara Holland"
"Christy Mullins"
"Snider Thornton"
"Jana Clay"
"Wilma King"
```

---

21 *https://oreil.ly/9s7yh*
22 *https://oreil.ly/bcT9d*

這些 CLI 都很有趣是吧？如果讀者們有意閱讀更多關於現代化命令、以及其他可以用來替代的候補對象之類的題材，請參閱 modern-unix repo[23]，其中列舉了諸多建議。接下來，我們要將注意力轉移到一些常見的任務上，而不再僅限於瀏覽目錄及檢視檔案內容了。

常見的任務

你會發現有些事是自己經常要做的，而 shell 裡有很多辦法可以幫你加速處理這類事務。我們來看看有哪些常見任務可以做得更有效率。

簡化常用的命令

一旦深入探討介面時，其中一項基本議題便是：最常用的命令用起來應該最不費力，它們應該很快就能輸入完畢。現在請把這個概念用到 shell 上：你不該鍵入 git diff --color-moved 這一長串命令，而應該以極精簡的 d（單一字母）就能完成任務，因為筆者一天當中常常需要一再地檢視儲藏庫中的變動達數百次之多。根據不同的 shell，也有不同的方式可以簡化這一點：在 bash 裡通常是透過**別名**（*alias*[24]）的方式為之，而在 Fish 裡（請參閱第 54 頁的「Fish Shell」）則會利用縮寫功能（abbreviations[25]）做到同一點。

瀏覽

當你在 shell 的提示後鍵入命令時，有些動作是很常做的，例如在行中移動（像是將游標移至行首之類）、或是處理一行文字（像是刪除游標以左全部內容）等等。表 3-2 便列出常用的 shell 捷徑。

表 3-2　Shell 瀏覽及編輯用的捷徑

動作	命令	註解
將游標移至一行的開頭	Ctrl+a	-
將游標移至一行的結尾	Ctrl+e	-
將游標往前移一個字元	Ctrl+f	-
將游標往後移一個字元	Ctrl+b	-
將游標往前移一整個單字	Alt+f	僅限左邊的 Alt 鍵
將游標往後移一整個單字	Alt+b	-
刪除現在位置的字元	Ctrl+d	-

---

23 *https://oreil.ly/cBAXt*
24 *https://oreil.ly/fbBvm*
25 *https://oreil.ly/rrmNI*

動作	命令	註解
刪除游標左側的字元	Ctrl+h	-
刪除游標左側的單字	Ctrl+w	-
刪除游標右側所有內容	Ctrl+k	-
刪除游標左側所有內容	Ctrl+u	-
清空畫面	Ctrl+l	-
取消命令	Ctrl+c	-
還原	Ctrl+_	僅限 bash
搜尋歷程	Ctrl+r	只有部分 shell 可用
取消搜尋	Ctrl+g	只有部分 shell 可用

注意，不是所有的 shell 都支援以上全部的捷徑，而且有些動作，例如命令的歷程管理，在某些 shell 裡實作的方式便有所不同。此外你也許需要知道，這些捷徑的按鍵組合都是源於 Emacs 的編輯鍵。如果你偏好 vi，可以利用在 *.bashrc* 檔案裡加上 set -o vi 的字樣，藉以改用 vi 風格的按鍵組合來進行命令列編輯。最後，請以表 3-2 為出發點，試試看你的 shell 支援哪些功能，還有你能否將其設定為適合你的習慣用法。

檔案內容的管理

如果只是要加一行文字，不一定要大費周章地啟用 vi 這樣的編輯器才能進行。有時你甚至還沒有 vi 可以用，例如撰寫指令碼的時候（參閱第 68 頁的「Scripting」一節）。

那麼，你要如何操作文字的內容？來看幾個例子：

```
$ echo "First line" > /tmp/something ❶

$ cat /tmp/something ❷
First line

$ echo "Second line" >> /tmp/something && \ ❸
  cat /tmp/something
First line
Second line

$ sed 's/line/LINE/' /tmp/something ❹
First LINE
Second LINE

$ cat << 'EOF' > /tmp/another ❺
First line
Second line
Third line
```

```
EOF

$ diff -y /tmp/something /tmp/another ❻
First line                                          First line
Second line                                         Second line
                                                  > Third line
```

❶ 藉由將 echo 的輸出轉向，建立一個檔案。

❷ 檢視新建檔案的內容。

❸ 利用 >> 運算子，在檔案底部附加新的一行文字，並隨即檢視其內容。

❹ 利用 sed 替換檔案內的內容，並將輸出傳給 stdout[26]。

❺ 利用即席文件（here document[27]）新建另一個檔案。

❻ 比較兩個檔案的差異。

現在大家都知道基本的檔案內容操作方式了，我們要來看一些更進階的檔案內容檢視方式。

檢視冗長的檔案

對於冗長的檔案來說（亦即檔案行數超過 shell 可以在螢幕上以一頁顯示的篇幅時），就可以用 less 或 bat 之類的分頁顯示工具（bat 自己內建了分頁工具）。藉由分頁顯示，程式便能將輸出拆成剛好可以讓一個螢幕畫面顯示的分頁、再提供一些操作命令以便瀏覽（例如前後翻頁等等）。

另一種處理冗長檔案的方式，是只顯示檔案中選定的部分，例如只有開頭幾行。這樣方便的命令有兩種可以引用：head 和 tail。

舉例來說，若要顯示檔案開頭部分：

```
$ for i in {1..100} ; do echo $i >> /tmp/longfile ; done ❶

$ head -5 /tmp/longfile ❷
1
2
3
4
5
```

---

26 譯註：此處 sed 只會把完成替換後的內容顯示到 stdout，但是原始檔案 /tmp/something 的內容其實隻字未動。如果你確實要把編輯過的內容寫回原檔案，請利用 sed -i 來做。

27 https://oreil.ly/FPWqT

❶ 刻意建立一個冗長的檔案（這裡是 100 行）。

❷ 只顯示該檔案的前五行。

或者你想追蹤一個持續增長的檔案的最近更新內容，就這樣做：

```
$ sudo tail -f /var/log/Xorg.0.log ❶
[ 36065.898] (II) event14 - ALPS01:00 0911:5288 Mouse: device is a pointer
[ 36065.900] (II) event15 - ALPS01:00 0911:5288 Touchpad: device is a touchpad
[ 36065.901] (II) event4  - Intel HID events: is tagged by udev as: Keyboard
[ 36065.901] (II) event4  - Intel HID events: device is a keyboard
...
```

❶ 用 tail 顯示一個日誌檔的結尾部分，並加上選項 -f 以便追蹤內容異動，亦即自動顯示新進的內容。

本小節最後要來談談對於日期與時間的處理。

日期與時間的處理

如果需要產生獨一無二的檔案名稱，date 命令十分好用。它允許你產生各種格式的日期，包括 Unix 時間戳記，以及在各種不同的日期與時間格式之間轉換。

```
$ date +%s ❶
1629582883

$ date -d @1629742883 '+%m/%d/%Y:%H:%M:%S' ❷
08/21/2021:21:54:43
```

❶ 建立一個 UNIX 時間戳記 [28]。

❷ 將一筆 UNIX 時間戳記轉換成可以供人判讀的日期。

關於 UNIX 紀元時間

UNIX 紀元時間（UNIX epoch time，有時也簡稱為 UNIX 時間）是一段以秒計算的時間長度，從 1970-01-01T00:00:00Z 開始累計。UNIX 時間將每一天都視為剛好 86,400 秒來計算。

---

28 譯註：+%s 的意思就是要產生一筆 Unix 紀元時間。

如果你處理的軟體會將 UNIX 時間儲存為有號的 32 位元整數，你可能需要特別留意，因為到了 2038-01-19 便會發生問題，即計時器會出現溢位，這又稱為「2038 年問題 [29]」。

你也可以利用線上轉換工具 [30] 進行更多樣化的操作，甚至可以解析到微秒與毫秒的程度。

到此本小節已經講述過 shell 的基本知識了。現在讀者們應該已經對終端機與 shell 有了正確的認識，也知道如何運用它們來遂行日常任務，像是瀏覽檔案系統、尋找檔案等等。接下來要進行下一個主題：操作起來更為友善的 shell。

更為友善的 Shells

雖說 bash shell 可能依舊是最廣為使用的 shell，但它卻不見得是操作起來最友善的。Bash 問世於約莫 1980 年代晚期，已經頗有年歲了。而坊間已經出現了不少標榜著人性化的現代化 shell，筆者鄭重建議大家自行嘗試一下，不要只使用 bash。

我們會先以實際案例詳細介紹一種現代化且更友善的 shell，亦即 Fish shell，再簡要介紹其他的類似產品，讓各位知道有多少種選擇。本小節的結尾，會在第 61 頁「我該使用哪一種 Shell？」提出建議和結論，作為總結。

Fish Shell

Fish shell[31] 宣稱自己是一種聰明而且對使用者友善的命令列 shell。我們先來看一些相關的基本操作，然後再進展到與組態相關的題材。

基本操作

對於許多日常任務來說，大家都不會注意到 bash 裡的輸入方式有何特別之處；表 3-2 所列的大部分命令幾乎都可以使用。不過 fish 有兩處是跟 bash 有所不同、而且還更為方便的：

---

29 *https://oreil.ly/dKiWx*
30 *https://oreil.ly/Z1a4A*
31 *https://fishshell.com*

沒有明顯的歷程管理。

你只需鍵入寥寥數字，就能看到先前執行過的命令。然後就可以用上下方向鍵選擇要執行的內容（請參閱圖 3-4）。

```
↳ > $ exa --long --all --git
app.yaml  Dockerfile  example.json  main.go  script.sh  test
```

圖 3-4　Fish 的命令歷程處理實例

許多命令都帶有自動補齊的建議功能。

如圖 3-5 所示。此外，當你按下 Tab 鍵時，Fish shell 就會嘗試自動補齊命令名稱、其引數、甚至是路徑，還會用有顏色的文字讓你可以一眼看出各種提示，連你打錯字時都會以紅色凸顯有錯誤發生。

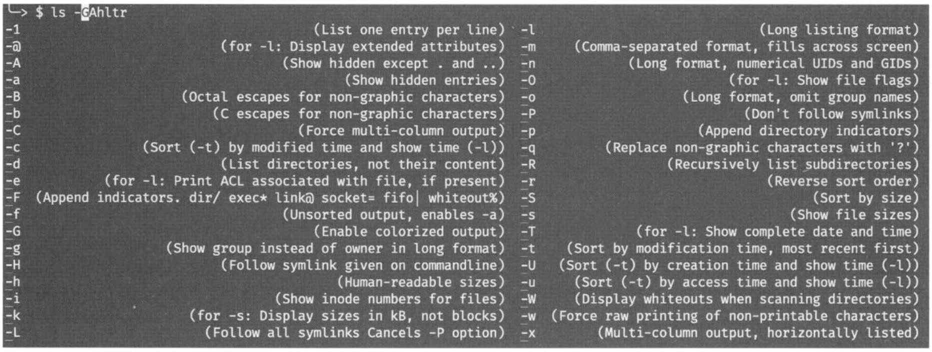

```
↳ > $ ls -GAhltr
-1                                      (List one entry per line)  -l                          (Long listing format)
-@                         (for -l: Display extended attributes)  -m      (Comma-separated format, fills across screen)
-A                               (Show hidden except . and ..)  -n          (Long format, numerical UIDs and GIDs)
-a                                     (Show hidden entries)  -O                        (for -l: Show file flags)
-B                   (Octal escapes for non-graphic characters)  -o           (Long format, omit group names)
-b                      (C escapes for non-graphic characters)  -P                    (Don't follow symlinks)
-C                                   (Force multi-column output)  -p               (Append directory indicators)
-c                     (Sort (-t) by modified time and show time (-l))  -q    (Replace non-graphic characters with '?')
-d                          (List directories, not their content)  -R             (Recursively list subdirectories)
-e               (for -l: Print ACL associated with file, if present)  -r                      (Reverse sort order)
-F  (Append indicators. dir/ exec* link@ socket= fifo| whiteout%)  -S                          (Sort by size)
-f                          (Unsorted output, enables -a)  -s                         (Show file sizes)
-G                                   (Enable colorized output)  -T          (for -l: Show complete date and time)
-g                (Show group instead of owner in long format)  -t   (Sort by modification time, most recent first)
-H                       (Follow symlink given on commandline)  -U      (Sort (-t) by creation time and show time (-l))
-h                                   (Human-readable sizes)  -u      (Sort (-t) by access time and show time (-l))
-i                            (Show inode numbers for files)  -W        (Display whiteouts when scanning directories)
-k                (for -s: Display sizes in kB, not blocks)  -w    (Force raw printing of non-printable characters)
-L                      (Follow all symlinks Cancels -P option)  -x      (Multi-column output, horizontally listed)
```

圖 3-5　Fish 的自動補齊建議實例

表 3-3 列出了若干常用的 fish 命令。請特別留意這時處理環境變數的方式。

表 3-3　Fish shell 的參考

任務	命令
匯出環境變數 KEY 並賦值為 VAL	set -x KEY VAL
刪除環境變數 KEY	set -e KEY
將環境變數 KEY 賦予命令 cmd	env KEY=VAL cmd
將顯示路徑長度精簡到 1 個字元	set -g fish_prompt_pwd_dir_length 1
管理縮寫	abbr
管理函式	functions 和 funcd

fish 與其他的 shell 不同之處，在於它將上一個命令的退出狀態儲存在變數 $status 中，而非 $?[32]。

如果你原本用慣了 bash，也許可以參考一下 Fish FAQ[33]，其中解釋了各種疑問。

組態

如要設定 Fish shell 的組態，只需鍵入 `fish_config` 命令即可（視發行版的不同，你可能需要加上子命令 browse[34]），然後 fish 會在 *http://localhost:8000* 啟動一個本機的網頁伺服程式，並自動以你的預設瀏覽器來開啟一個花俏的使用介面，如圖 3-6 所示，這樣就可以檢視和變更設定了。

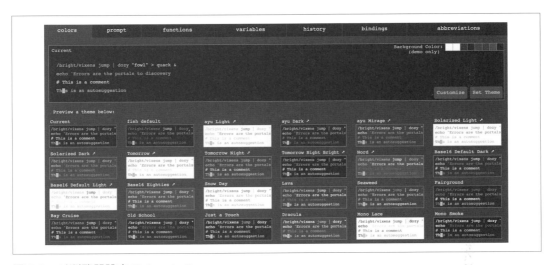

圖 3-6　以瀏覽器設定 Fish　shell

如欲在 vi 與 Emacs（預設）兩種命令列瀏覽按鍵組合風格間切換，只需鍵入 `fish_vi_key_bindings` 就能啟用 vi 模式，若再輸入 `fish_default_key_bindings` 便能復原到 Emacs 模式。注意一旦進行變更，就會立即套用到所有仍在使用中的 shell 會談。

32　譯註：csh 也是以 $status 代表前一指令的退出狀態。

33　*https://oreil.ly/Nk2S2*

34　譯註：如果你開啟瀏覽器後遇上「找不到檔案」的錯誤，是因為 Ubuntu 22.04 預設瀏覽器 Firebox 無權操作 /tmp 目錄之故；簡單的規避方式是改用其他預設瀏覽器例如 Chrome，就看得到 `fish_config` 的畫面了。

現在來看看筆者是怎麼設定 fish 環境的。其實我使用的組態非常簡短；在我的 *config.fish* 裡只有寥寥數行 [35]：

```
set -x FZF_DEFAULT_OPTS "-m --bind='ctrl-o:execute(nvim {})+abort'"
set -x FZF_DEFAULT_COMMAND 'rg --files'
set -x EDITOR nvim
set -x KUBE_EDITOR nvim
set -ga fish_user_paths /usr/local/bin
```

而我的 shell 提示字元則是以 *fish_prompt.fish* 定義的，定義內容如下：

```
function fish_prompt
    set -l retc red
    test $status = 0; and set retc blue

    set -q __fish_git_prompt_showupstream
    or set -g __fish_git_prompt_showupstream auto

    function _nim_prompt_wrapper
        set retc $argv[1]
        set field_name $argv[2]
        set field_value $argv[3]

        set_color normal
        set_color $retc
        echo -n '─'
        set_color -o blue
        echo -n '['
        set_color normal
        test -n $field_name
        and echo -n $field_name:
        set_color $retc
        echo -n $field_value
        set_color -o blue
        echo -n ']'
    end

    set_color $retc
    echo -n '┬'
    set_color -o blue
    echo -n [
    set_color normal
    set_color c07933
    echo -n (prompt_pwd)
    set_color -o blue
    echo -n ']'
```

---

35 譯註：通常位於 *~/.config/fish/* 底下。

```
    # Virtual Environment
    set -q VIRTUAL_ENV_DISABLE_PROMPT
    or set -g VIRTUAL_ENV_DISABLE_PROMPT true
    set -q VIRTUAL_ENV
    and _nim_prompt_wrapper $retc V (basename "$VIRTUAL_ENV")

    # git
    set prompt_git (fish_git_prompt | string trim -c ' ()')
    test -n "$prompt_git"
    and _nim_prompt_wrapper $retc G $prompt_git

    # New line
    echo

    # Background jobs
    set_color normal
    for job in (jobs)
        set_color $retc
        echo -n '| '
        set_color brown
        echo $job
    end
    set_color blue
    echo -n ' └-> '
        set_color -o blue
    echo -n '$ '
    set_color normal
end
```

以上的提示定義會產生像是圖 3-7 一般的提示；注意它對於一般目錄和其中對應 Git repo 的目錄是如何以不同方式來顯示的，內建的視覺效果有助於促進你的工作效率。此外也請留意右邊顯示的當下時刻。

```
┌[~]
└> $ cd tmp                                        14:09:54
┌[~/tmp]-[G:master]
└> $ █                                             14:09:58
```

圖 3-7　Fish shell 的提示

我的縮寫清單（Fish 裡的 abbreviations）（大家可以把它想像成其他種 shell 中的 alias 的替代品）大略如下列所示：

```
$ abbr
abbr -a -U -- :q exit
abbr -a -U -- cat bat
abbr -a -U -- d 'git diff --color-moved'
abbr -a -U -- g git
abbr -a -U -- grep 'grep --color=auto'
abbr -a -U -- k kubectl
abbr -a -U -- l 'exa --long --all --git'
abbr -a -U -- ll 'ls -GAhltr'
abbr -a -U -- m make
abbr -a -U -- p 'git push'
abbr -a -U -- pu 'git pull'
abbr -a -U -- s 'git status'
abbr -a -U -- stat 'stat -x'
abbr -a -U -- vi nvim
abbr -a -U -- wget 'wget -c'
```

如欲添加新的縮寫，請鍵入 abbr --add 即可。對於不需要提供引數的簡易命令來說，縮寫是很方便的功能。如果你有更繁複的架構想要加以簡化呢？舉例來說，你想縮短一串與 git 有關的命令、而且其中還涉及引數的時候。這時就該 Fish 裡的函式登場了。

來看一個示範的函式，其檔名定義為 *c.fish*。我們可以用 functions 命令列出所有已定義過的函式，而 function 命令則是用於定義新函式，在本例中，function c 命令則可編輯如下 [36]：

```
function c
    git add --all
    git commit -m "$argv"
end
```

Fish 的小節介紹到此告一段落，我們約略地體驗了一下其使用方式及設定的訣竅。現在我們要很快地檢視一下其他種類的現代化 shell。

Z-shell

Z-shell[37]，又簡稱為 zsh，是一種近似 Bourne shell 的新型 shell，具備強大的補齊功能，以及豐富的主題（theming）支援。只須加裝 Oh My Zsh[38] 外掛，就可以像先前的 fish 一樣，隨心所欲地設定及使用 zsh，同時仍維持與 bash 相當程度的相容性。

---

36 譯註：請注意 Fish 的 function 是如何透過 $argv 來引進你執行 function 時餵給它的引數。可參閱
   https://fishshell.com/docs/current/cmds/function.html。

37 *https://oreil.ly/6y06N*

38 *https://ohmyz.sh*

zsh 使用五個起始檔案，如下例所列（注意，如果未曾設定 $ZDOTDIR，便以 $HOME 為準）：

```
$ZDOTDIR/.zshenv ❶
$ZDOTDIR/.zprofile ❷
$ZDOTDIR/.zshrc ❸
$ZDOTDIR/.zlogin ❹
$ZDOTDIR/.zlogout ❺
```

❶ 任何啟動 shell 的方式都會引用這個檔案。其中應含有可以設置搜尋路徑的命令、加上其他重要的環境變數。但它不該包含會產生輸出、或是會讓 shell 連接到 tty 的命令。

❷ 在 ksh 愛用者眼中，它相當於 .zlogin 的替代品（兩者不應併用）；它與 .zlogin 相仿，只不過會引用在 .zshrc 之前 [39]。

❸ 會在互動式 shell 中引用。其中應該包含可以設置別名、函式、選項、按鍵組合（key binding）等等的命令。

❹ 會在登入 shell 時引用。其中應包含只應在登入 shell 時執行的命令。注意，.zlogin 中不應含有關於別名、選項、環境變數等等的設定。

❺ 在登出 shell 時引用。

有關 zsh 的其他外掛程式，請參閱 GitHub 上的 awesome-zsh-plugins repo[40]。如果你想熟悉 zsh，可參閱由 Paul Falstad 與 Bas de Bakker 合著的《An Introduction to the Z Shell》。

其他現代化的 Shell

除了 fish 和 zsh 之外，仍有多種饒富趣味的 shell（但不一定與 bash 相容）可供選擇。當你在猶豫時，請評估你對 shell 的著重之處何在（互動用途與 scripting）、以及其所屬社群活躍的程度。

筆者將自己所知的一些 Linux 上現代化 shell 的例子推薦給各位參酌：

---

39 譯註：使用 ~/.profile 或是 ~/.bash_profile 頂替 ~/.login，是 Bourn shell 與 Korn shell 的風格，~/.login 則是 C shell 的風格；bash 為了保持兼容性則是一律支援，只不過有套用先後順序。

40 https://oreil.ly/XHwBd

Oil shell（*https://www.oilshell.org*）

主要以 Python 和 JavaScript 使用者為對象。換言之，其著重之處並非互動性操作，而是 scripting。

murex（*https://murex.rocks*）

這是一種 POSIX shell，具備一些有趣的功能，像是整合了測試框架、有型別的管線、以及事件驅動程式設計等等。

Nushell（*https://www.nushell.sh*）

一種實驗性質的新式 shell 典範，具備表格式的輸出及強大的查詢用語言。詳情請參閱 Nu Book（*https://oreil.ly/jIa5w*）。

PowerShell（*https://oreil.ly/bYKnd*）

這是一種跨平台的 shell，起源於 Windows PowerShell 的分支，提供了有異於 POSIX shell 的一套語意及互動方式。

坊間仍有其他多種選擇。請儘量嘗試最適合你自己的 shell。試著跳脫 bash、只以滿足你自己的使用為目的。

我該使用哪一種 Shell？

在這個年頭，任何一種現代化的 shell（只要不是 bash）都是不錯的選擇，因為它們都以著重人性為出發點。流暢的自動補齊功能、簡單的設定方式、以及更人性化的環境，在 2022 年都不是奢侈的要求了，而且鑒於你會在命令列上耗費的時間，你更應該嘗試找出不一樣的 shell，並選擇自己最喜愛的一種來使用。筆者自己是使用 Fish shell，但筆者身邊有許多同事則更偏愛 Z-shell[41]。

但你也可能因為以下考量而猶豫著是不是要放棄使用 bash：

- 你使用的遠端系統沒法讓你安裝自己愛用的 shell。

- 基於相容性和已經深植記憶中的習慣，你必須繼續使用 bash。有些習慣就是一時改不掉。

- 幾乎所有的指令說明（檯面下的）都假設以 bash 為平台。舉例來說，你會看到 `export FOO=BAR` 這樣的環境變數賦值方式，就是以 bash 為主的。

---

41 譯註：z-shell 誕生於上個世紀的 1990 年，也許由於 2019 年 macOS Catalina 將其設為 default shell 以取代 bash，更凸顯出它的地位。

事實證明上述問題都與大多數使用者無關。雖說你也許一時只能在遠端系統使用 bash，但大部分時候你都可以在自己完全掌控的環境中工作。學習曲線多少還是會有，但投注的心力最終仍會是值得的。

現在我們可以將注意力轉移到另一項可以提升終端機生產力的方式上：也就是多工器。

終端機多工器

本章開頭第 37 頁的「終端機」一節中已經談過終端機。現在我們要再深入一點，談談如何改進終端機的使用方式，而其主題則是建立在一項簡單而強大的概念上：就是多工（multiplexing）。

設想一下：通常你都會同時操作一些可以合併在一起的不同事物。例如從事一項開放原始碼專案、撰寫部落格文章、遠端操作伺服器、用一個 HTTP API 測試什麼東西等等。這些任務可能各自都需要用到一個以上的終端機視窗，而你通常必須同時在兩個視窗從事各自無關的任務。例如：

- 以 watch 命令定期執行目錄列舉動作，同時還編輯另一個檔案。

- 你啟動了一個伺服器程序（也許是一套網頁伺服器或應用程式伺服器），然後想要讓它在前端執行（請參閱第 45 頁的「工作控管」一節），以便觀察日誌檔內容。

- 你要用 vi 編輯一個檔案，同時又要用 git 查詢狀態並提交異動內容。

- 你在公有雲運行一套虛擬機器，你想要以 ssh 連線到虛擬機、同時還能管理本地端檔案。

將以上所有例子想成邏輯上彼此相關的事物（也就是都要用到終端機），持續的期間可以從短期（幾分鐘）到長時間（數日甚至數週）。這種將任務歸納成一組的方式，通常也稱為一段會談（session）。

現在若要達成這樣的併組方式，你得面臨一些問題：

- 你會需要好幾個視窗，解決方式之一是啟動數個終端機，或是如果使用介面允許的話，啟用數個實例（instance，或者說是分頁（tab））。

- 即使你關閉了終端機、或是遠端連線被關閉，你也想要保留所有的視窗和路徑。

- 你會偶爾想要特別展開（expand）或縮放（zoom in and out）特定任務的畫面，同時仍保有對於所有其他會談的概覽，並能在會談之間遊走檢視。

為了達成上述任務，人們想出了一個辦法，把多重視窗（或者說是多個會談，用來將視窗分組）疊在一個終端機畫面裡，也就是說，以多工方式處理終端機的 I/O。

我們來看一下以前實作終端機多工的方式，也就是 screen。然後會另行深入介紹另一款廣受愛用的實作版本 tmux，然後再以其他選擇總結本項主題。

screen

screen 是早期的終端機多工器，現在也仍有人在使用它。除非你正在使用遠端環境，實在沒有其他多工器可以用，或是無法安裝不同的多工器，不然還是避免使用 screen 為宜。理由之一是它已經缺乏經常性的維護，另一個原因則是它彈性不足，又缺乏其他現代化終端機多工器提供的數種新功能。

tmux

tmux 則不同，它是一款既有彈性、又具備豐富功能的終端機多工器，你可以自由地視需求加以調整。正如圖 3-8 所示，你可以和 tmux 的三種核心元素互動，以下按照覆蓋範圍由大至小加以分類：

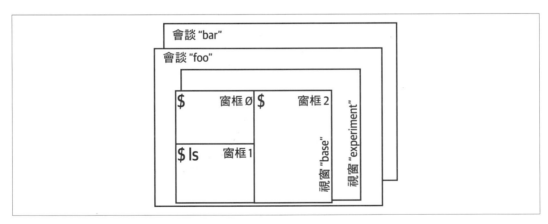

圖 3-8　tmux 的元素：會談、視窗和窗框

會談（*Sessions*）

你可以把它想像成一個邏輯單元，其中含有專屬特定任務的工作環境，像是「處理專案 X」或是「撰寫部落格貼文 Y」等等。它是一個包含其他單元的容器。

視窗（*Windows*）

這可以想像成像是瀏覽器裡的分頁一樣，它們都屬於同一個會談。視窗的使用可有可無，通常你只會在一個會談中使用單一視窗。

窗框（*Panes*）

這些才是真正得力的功能，基本上每個窗框中執行的就是單一 shell 的實例。一個窗框是視窗的一部分，你可以輕易地將視窗做垂直或水平分割、或是將單一窗框展開或收疊（請想像成縮放），必要時也可以關閉窗框。

tmux 也跟 screen 一樣，可以讓你附掛到會談上、或是與會談分離。設想我們現在從頭開始，啟動一個名為 test 的會談：

```
$ tmux new -s test
```

執行以上命令後，tmux 便會像伺服器一般運作，而你會注意到自己身處在 tmux 下設置的一個 shell 裡，這個 shell 運作起來就像是 tmux 的用戶端一樣。這樣的 client/server 模型有助於你建立、進入、離開及結束會談，以及使用會談中運作的 shell，毋須煩惱 shell 中運行（或故障）的程序會受到 shell 斷線或結束的影響。

tmux 以 Ctrl+b 作為預設的鍵盤捷徑鍵，這個組合又被稱作是前綴鍵（*prefix*）或觸發鍵（*trigger*）。舉例來說，若要列出全部使用中的視窗，就要先按下 Ctrl+b、再按下 w 鍵，或是如果想將現有的（正在操作的）窗框展開，就按下 Ctrl+b、再按下 z 鍵。

 tmux 的預設觸發鍵是 Ctrl+b。為改善操作流程，筆者建議將觸發鍵對應到罕用的按鍵組合上，這樣就可以只靠單一按鍵進行觸發操作。筆者會在 tmux 中先將觸發功能對應至 Home 鍵，再到 */usr/share/X11/xkb/symbols/pc* 中將按鍵對應更改為 <CAPS> { [Home] };，藉此將 Home 鍵對應到 Caps Lock 鍵。

筆者就是這樣做出兩重按鍵對應。當然不同的按鍵標的或終端機可能不需要這般費勁，不過筆者鼓勵讀者們將 Ctrl+b 對應至少用的按鍵，以便輕鬆就能操作觸發鍵，因為這按鍵組合會極為常用。

現在你可以利用表 3-4 中列出的任何命令來管理更多會談、視窗和窗框了。此外，當你按下 Ctrl+b 再按 d，就能與會談分離。亦即你可以將 tmux 放到背景端執行。

當你啟動新的終端機實例時，或者說是從遠端以 ssh 連到機器上，也可以將既有的會談再附掛進來，讓我們試著將先前建立的 test 會談再附掛進來：

```
$ tmux attach -t test ❶
```

❶ 將既有名為 test 的會談附掛進來。注意如果你想將會談從原本的終端機分離開來，就要加上參數 -d。

表 3-4 列舉了常用的 tmux 命令，並按照先前介紹過的單元分組，從範圍最廣的（會談）到最窄的（窗框）。

表 3-4　tmux 參考表

目標	任務	命令
會談	新建	:new -s NAME
會談	改名	trigger + $
會談	列出全部會談	trigger + s
會談	關閉	trigger
視窗	新建	trigger + c
視窗	改名	trigger + ,
視窗	切換到	trigger + 1 … 9
視窗	列出全部視窗	trigger + w
視窗	關閉	trigger + &
窗框	水平切割	trigger + "
窗框	垂直切割	trigger + %
窗框	切換	trigger + z
窗框	關閉	trigger + x

現在你已對如何使用 tmux 略有所知了，讓我們把注意力放到如何設定它這件事上。筆者的 *.tmux.conf* 長得像這樣：

```
unbind C-b ❶
set -g prefix Home
bind Home send-prefix
bind r source-file ~/.tmux.conf \; display "tmux config reloaded :)" ❷
bind \\ split-window -h -c "#{pane_current_path}" ❸
bind - split-window -v -c "#{pane_current_path}"
bind X confirm-before kill-session ❹
set -s escape-time 1 ❺
set-option -g mouse on ❻
set -g default-terminal "screen-256color" ❼
set-option -g status-position top ❽
```

```
set -g status-bg colour103
set -g status-fg colour215
set -g status-right-length 120
set -g status-left-length 50
set -g window-status-style fg=colour215
set -g pane-active-border-style fg=colour215
set -g @plugin 'tmux-plugins/tmux-resurrect'  ❾
set -g @plugin 'tmux-plugins/tmux-continuum'
set -g @continuum-restore 'on'
run '~/.tmux/plugins/tpm/tpm'
```

❶ 這一行和以下兩行會將觸發鍵改設為 Home 鍵。

❷ 以 trigger + r 重新載入組態。

❸ 這一行和下一行會重新定義窗框分割按鍵；但維持現有窗框的所在目錄。

❹ 增設可以新增和清除會談的捷徑鍵。

❺ 不需延遲。

❻ 啟用滑鼠選擇功能。

❼ 將終端機預設模式訂為 256 色模式。

❽ 主題設定（以下六行皆是）。

❾ 從此處到結尾：附掛程式管理。

先安裝 tpm[42]，也就是 tmux 附掛管理程式（tmux plug-in manager），然後便可以用 trigger + I 檢視附掛程式。此處引用的附掛程式如下：

tmux-resurrect（*https://oreil.ly/JugvE*）

> 允許你用 Ctrl+s（儲存）和 Ctrl+r（還原）等按鍵還原會談。

tmux-continuum（*https://oreil.ly/KvT7l*）

> 自動儲存 / 還原會談（間隔 15 分鐘）

圖 3-9 顯示了筆者的 Alacritty 終端機、其中執行了 tmux。各位可以看到會談的捷徑以 0 到 9 標示，就位於畫面左上角。

---

42 *https://oreil.ly/hsoau*

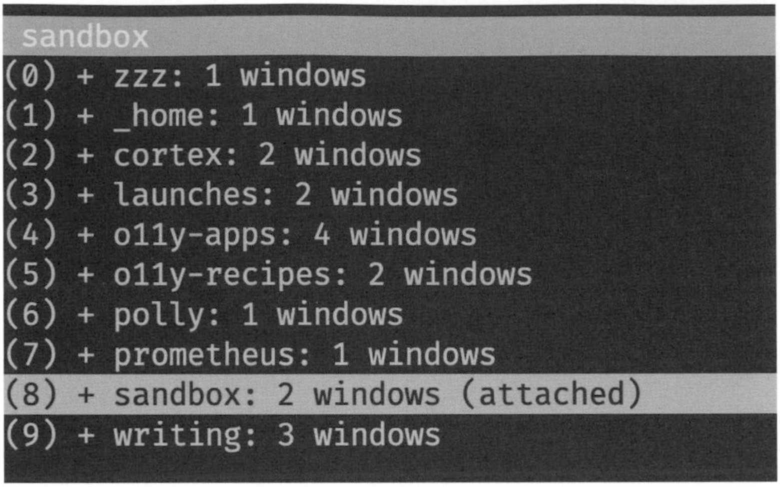

```
 sandbox
(0) + zzz: 1 windows
(1) + _home: 1 windows
(2) + cortex: 2 windows
(3) + launches: 2 windows
(4) + o11y-apps: 4 windows
(5) + o11y-recipes: 2 windows
(6) + polly: 1 windows
(7) + prometheus: 1 windows
(8) + sandbox: 2 windows (attached)
(9) + writing: 3 windows
```

圖 3-9　一個運行中的 tmux 實例示範，顯示了現有的會談

雖說 tmux 是絕佳的選擇，但其實也還有 tmux 以外的選項，這就來瞧瞧。

其他多工器

其他值得一試的終端機多工器如下：

tmuxinator（*https://oreil.ly/JyWmA*）

一種可以用於管理 tmux 會談的中介工具

Byobu（*https://oreil.ly/pJLa2*）

一個包覆在 screen 或 tmux 外的工具；如果你使用的是 Ubuntu 或 Debian 一系列的 Linux 發行版，會更為有趣

Zellij（*https://oreil.ly/ZRHnX*）

它自稱為終端機工作空間（workspace），以 Rust 撰寫而成，其功能比 tmux 更上一層樓，包括佈局引擎（layout engine）和強大的附掛程式系統

dvtm（*https://oreil.ly/yaTan*）

將鋪疊視窗管理的概念引進到終端機當中；它的功能強大，但學習曲線與 tmux 相仿

3mux（*https://oreil.ly/S6nvV*）

一種用 Go 語言撰寫的簡易終端機多工器；它用起來很簡單、但功能沒有 tmux 強大

很快地介紹過多工器的選項之後，現在該談談要選擇何者了。

將概念結合起來：終端機、多工器和 shell

筆者使用的是 Alacritty 終端機程式。它的速度飛快，更讚的是我可以用一個 YAML 組態檔來設定它，而這個檔案可以用 Git 做版本控管，於是我可以在幾秒內搞定任何我想用的目標系統。這個組態檔名為 *alacritty.yml*，其中定義了我所有的終端機設定，從色彩、按鍵組合、到字型大小都一應俱全。

大部分的設定都是立即生效的（hot-reload），其他則要等我儲存在設定檔後才會生效。其中有一個稱為 shell 的設定，它定義了我所使用的終端機多工器（tmux）和我使用的 shell（fish）之間的整合方式，其外觀如下：

```
...
shell:
  program: /usr/local/bin/fish
  args:
  - -l
  - -i
  - -c
  - "tmux new-session -A -s zzz"
...
```

在以上的設定片段中，筆者將 Alacritty 設為使用 fish 作為預設的 shell，但是當我啟動終端機時，它也會自動將某個特定的會談附掛進來。再搭配 tmux-continuum 附掛程式，就可以讓我放心使用了。就算我關掉了終端機所在的電腦，只要再度重啟後，我就能找出終端機所屬全部的會談、視窗及窗框（幾乎全部啦），而其狀態一如我的連線終端機當掉之前，唯一損失的是 shell 變數。

我該使用哪一種多工器？

跟一般人對 shell 的感受不同的是，筆者非常偏愛終端機多工器：而且用的是 tmux。原因有點複雜：它相對成熟、穩定、功能豐富（有許多附掛程式可用）、又富於彈性。它的愛好者很多，因此坊間可供閱讀及參考的資料相對齊全。其他種類的多工器也很讓人驚豔，但要不就是太過新穎，要不就是像 screen 一樣已經乏人問津。有鑑於此，筆者希望能說服讀者，考慮以終端機多工器來改善終端機及 shell 的使用體驗，有利加速進行任務，同時讓整體流程更形順暢。

現在我們要將注意力轉往本章最後一項主題了，即透過 shell 指令碼將任務自動化。

Scripting

在本章先前的各小節中，我們始終著重在手動的 shell 互動操作。一旦你發現自己一再地在終端機提示上重複手動進行特定任務時，就是你該把該項任務自動化的時候了。這正是指令碼登場之時。

這裡我們仍以 bash 來撰寫指令碼。原因有二：

- 坊間大多數的指令碼仍以 bash 撰寫而成，因此你可以找到許多範例，針對 bash 指令碼的協助資源也最為豐富。

- 在目標系統上找到 bash 的機會相當高，因此指令碼潛在的可用性，會比你使用其他 bash 替代品（也許威力更強大，但可能過於冷僻或罕用）時的機會要高出許多。

在我們開始之前，先讓大家有個心理準備，坊間有些 shell 指令碼居然會有數千行程式碼的篇幅。但筆者並非鼓勵大家以此為榜樣，事實上正好相反：如果你發現自己寫的指令碼太長，就該思考是否該改用正牌的 scripting 語言，例如 Python 或 Ruby，才是適合的選擇。

且讓我們放慢步調，試著寫出一個簡短但有用的範例，並將我們到目前為止所學到的好習慣都派上用場。假設我們要把在螢幕上單一敘述的這個任務自動化，內容是某位使用者在 GitHub 的資訊（handle），顯示該使用者何時加入、並顯示其全名，看起來大致會像以下這樣：

```
XXXX XXXXX joined GitHub in YYYY
```

我們如何以指令碼將這樣的任務自動化？讓我們先從基礎開始，再檢視其可攜性，然後逐步理解指令碼應有的「業務邏輯」。

Scripting 的基礎

幸好，藉由互動式的操作 shell，讀者們應該已經對大多數相關的術語及技術有所認識。除了變數、串流和轉向，以及常用命令以外，還有一些特定事物是大家在撰寫指令碼時也應當熟悉的，我們這就來介紹它們。

進階資料類型

雖說 shell 通常將任何事物都當作是字串來處理（如果你想執行更繁瑣的數值相關任務，也許就不該用 shell 指令碼來擔任），但它們的確也支援一些較為高階的資料型態，例如陣列。

來看一個實際的陣列：

```
os=('Linux' 'macOS' 'Windows') ❶
echo "${os[0]}" ❷
numberofos="${#os[@]}" ❸
```

❶ 定義一個陣列，內有三個元素。

❷ 取出第一個元素；這會印出 Linux 的字樣。

❸ 取得陣列的長度，因此 numberofos 變數會被賦值為 3。

流程控管

流程控管讓你可以在指令碼中建立分支執行路線（if）或是重複地執行（for 和 while），這樣一來就可以視特定狀況決定執行內容。

以下是一些關於流程控制的有用例子：

```
for afile in /tmp/* ; do ❶
  echo "$afile"
done

for i in {1..10}; do ❷
    echo "$i"
done

while true; do
  ...
done ❸
```

❶ 基本迴圈，迭代一個目錄下的內容，將每個檔案名稱印出來

❷ 有範圍的迴圈

❸ 一個無限迴圈；只能以 Ctrl+C 脫離

函式

你可以靠函式寫出更模組化的指令碼，而且便於重複使用。函式必須事先定義好，才能加以引用，因為 shell 指令碼是按照從上到下的篇幅循序執行的。

以下是一個簡單的函式範例：

```
sayhi() { ❶
    echo "Hi $1 hope you are well!"
}

sayhi "Michael" ❷
```

❶ 定義函式；參數是以隱性的方式，用 $n 傳入

❷ 呼叫函式；輸出會是「Hi Michael hope you are well!」

進階 I/O

藉由 read，你可以從 stdin 取得使用者的輸入，再以輸入內容作為執行期間的輸入，舉例來說，一個由選項構成的選單。此外，請儘量少用 echo，而是考慮改用 printf，因為後者的輸出可以做更多調整，像是色彩等等。printf 的可攜性也較 echo 為佳。

以下是運用進階 I/O 的實際案例：

```
read name ❶
printf "Hello %s" "$name" ❷
```

❶ 從使用者輸入讀取一個資料值。

❷ 輸出前一步驟讀取的資料值。

當然，指令碼中還有很多更進階的概念可以引用，像是訊號（signal）與觸發（traps）等等。由於我們在此只是要約略地介紹 scripting 題材，因此筆者會建議大家參閱這份超讚的 bash Scripting 小抄大全 [43]，以便隨時取得完善的相關指示參考。如果你還想認真地撰寫指令碼，建議大家去閱讀 Carl Albing、JP Vossen 和 Cameron Newham 合著的《*bash Cookbook*》，其中含有許許多多絕佳的程式片段，是最好的起點。

---

43 *https://oreil.ly/nVjhN*

寫出可攜的 bash 指令碼

現在我們要來談談，何謂寫出可攜的 bash 指令碼。首先，**可攜性**（*portable*）的意義究竟何在，為何它這麼要緊？

在第 38 頁「Shells」小節的一開頭，我們已經介紹了 *POSIX* 的涵義，因此就讓我們從這裡開始。當我們提到「可攜性」時，筆者的意思就是我們不能對執行指令碼的環境做出過多假設，不論是刻意還是無意間為之。如果指令碼具備可攜性，就代表它可以不經改寫、就能在多種不同的系統（不同的 shell、Linux 發行版等等）上執行。

但是也請記住，就算你能確認 shell 的類型，例如我們目前在談的 bash，也不代表不同版本的 shell 之間都能支援所有的功能。到頭來，可攜性意味著你有多少種環境要執行指令碼、便有多少種環境要加以測試。

執行可攜的指令碼

指令碼是如何執行的？首先要知道的是，指令碼其實不過就是簡單的文字檔案；其副檔名則無關緊要，雖然大部分的指令碼都會以 *.sh* 作為副檔名慣例。但是要讓一個文字檔可以變成能執行的指令碼、而且要讓 shell 能執行它，必須先做到兩點：

- 文字檔的第一行必須宣告直譯器（interpreter）的類型，也就是用所謂的 *shebang*（有時又稱為 *hashbang*），亦即寫成 #! 的字元（參閱以下範本的頭一行就會知道）。

- 然後你必須讓指令碼可以在系統面執行，亦即用 chmod +x 來允許所有人都可以執行它，或者更實際一點，改以 chmod 750 設定，也就是更符合最小授權原則，只讓與指令碼相關的使用者和群組有權執行它。我們會在第四章時再深入此項主題。

現在你已經了解基礎知識了，我們來看一下可以做為起點的實際範本。

範本的骨架

一個可攜的 bash shell 指令碼，其骨架範本會像下面這樣：

```
#!/usr/bin/env bash ❶
set -o errexit ❷
set -o nounset ❸
set -o pipefail ❹

firstargument="${1:-somedefaultvalue}" ❺

echo "$firstargument"
```

❶ hashbang 會告知載入它的程式一方，我們要以 bash 來解譯指令碼。

❷ 定義我們要在發生錯誤時停止執行指令碼。

❸ 定義我們要將未經設置（unset）的變數視為錯誤（因此指令碼不太可能會悄無聲息地故障）。

❹ 定義當管線中任何部分故障時，整個管線都應被視為發生故障。如此有助於避免悄無聲息地故障）。

❺ 這是一段具備預設值的命令列參數示範。

我們會在本節稍後引用這個範本，藉以實作出我們的 GitHub 資訊指令碼。

良好的實務習慣

筆者以良好的實務習慣（*good* practices）為題，而不說是最佳實務做法（*best* practices），是因為你應該視情況和自身需求來決定要做到什麼程度。為自己所寫的指令碼，和你要交付給數千人使用的指令碼相較，是絕對不一樣的，但是一般說來，高明的良好實務習慣代表你會像下面這樣撰寫指令碼：

儘快清楚地回報故障

避免無聲地發生故障，而且一發生故障就要立刻顯現出來；errexit 和 pipefail 這兩者就會做到這一點。由於 bash 原本就傾向於在故障發生時悄無聲息，因此讓它儘快地回報故障會是最好的做法。

敏感資訊

不要把密碼之類的敏感性資訊直接寫在指令碼裡。這樣的資訊應該在執行時再提供，例如透過使用者輸入、或是呼叫其他 API 代勞。此外請記住，ps 會將許多程式參數及其他資訊都暴露出來，這也是另一個會走漏敏感性資訊之處。

糾正輸入

儘可能地提供合理的預設變數值，並妥善處理來自使用者或其他來源的輸入資訊。舉例來說，謹慎引用執行時的參數、或是以 read 命令的互動方式取得執行參數，來避免原本看似無害的一句 rm -rf "$PROJECTHOME/"*，因為未定義變數內容為空白、而變成會把整個磁碟清空的大災難。

檢查相依性

不要假設特定的工具或命令是唾手可得的，除非它們是內建、或是你很熟悉自己的執行環境。就算你自己的機器安裝有 curl，不代表目標機器上也會安裝。如果可能的話，請提供備案，像是在沒有 curl 可用時，改用 wget。

錯誤處理

當你的指令碼故障時（而且一定會發生，只不過是何時何地的問題而已），請為使用者提供可以採行的因應動作。舉例來說，不要只丟出一串不知所云的 Error 123 訊息，而是清楚地說明故障為何、使用者可以如何修正這個狀態，像是 Tried to write to /project/xyz/ but seems this is read-only for me 這樣的訊息就有用得多（意為「嘗試寫入 /project/xyz/ 但似乎只有唯讀權限」）。

文件

在指令碼內針對主要段落撰寫文件（用 # Some doc here 的寫法），並儘量保持一行寬度 80 字的編排，以便閱讀及比對（diffing）。

版本控管

考慮用 Git 做指令碼的版本控管。

測試

務必潤飾和測試你的指令碼。由於這一點在實務上實在至關緊要，我們會特別用一個小節來探討。

現在我們要設法在開發當下便隨時潤飾（linting）、並在釋出之前妥善測試，藉此讓指令碼更為安全。

潤飾和測試指令碼

在開發的當下，你需要隨時檢查和潤飾自己的指令碼，確保命令和指示的用法都有正確下達。圖 3-10 描繪了一種相當巧妙的方式來達成這一點，就是 ShellCheck 這支程式；你可以下載並將它安裝在本機端，或是改用線上版本的 *shellcheck.net*。此外也可以考慮用 shfmt[44] 來替你的指令碼排版。它會自動修正 shellcheck 所指出的問題。

---

44 *https://oreil.ly/obaKQ*

此外，在你將指令碼提交到儲存庫（repo）之前，請先試著用 bats[45] 測試看看。bats 是 Bash 自動化測試系統（Bash Automated Testing System）的簡寫，它可以將內有測試案例專用特殊語法的 bash 指令碼定義成測試檔案。每一個測試案例其實都只是一個帶有說明的 bash 函式，而你通常會在一個持續整合（Continuous Integration, CI）管線中呼叫這類測試指令碼，例如在 GitHub 上管理的時候。

現在我們要在撰寫、潤飾及測試指令碼時真正地實踐上述良好實務做法了。讓我們來實作一段本節開頭時談過的示範指令碼。

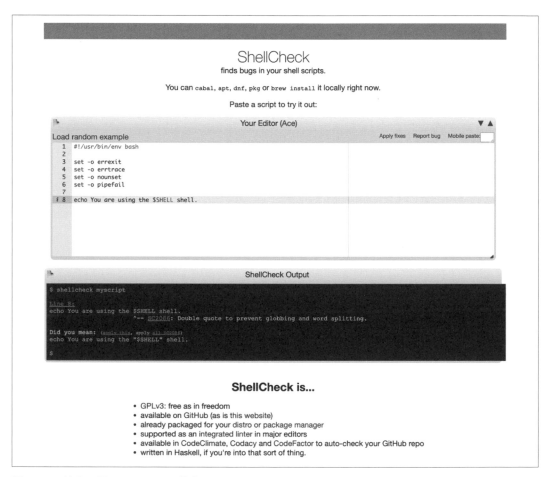

圖 3-10　線上工具 ShellCheck 的畫面

---

45 *https://oreil.ly/uVNgh*

從頭走到尾的實際案例：取得 GitHub 使用者資訊的指令碼

在這個案例裡，我們會實際從頭走到尾一次，把先前介紹過的所有竅門及工具都結合起來，實作出一段示範的指令碼，其用途為取出 GitHub 使用者的資訊（user handle），並印出一段訊息，其中包含該使用者登錄的年份以及姓名。

以下是實作出來的外觀，其中已經參酌了前述的良好實務習慣。我把以下的內容儲存為 *gh-user-info.sh* 檔案，並將其訂為可供執行：

```bash
#!/usr/bin/env bash

set -o errexit
set -o errtrace
set -o nounset
set -o pipefail

### Command line parameter:
targetuser="${1:-mhausenblas}" ❶

### Check if our dependencies are met:
if ! [ -x "$(command -v jq)" ]
then
  echo "jq is not installed" >&2
  exit 1
fi

### Main:
githubapi="https://api.github.com/users/"
tmpuserdump="/tmp/ghuserdump_$targetuser.json"

result=$(curl -s $githubapi$targetuser) ❷
echo $result > $tmpuserdump

name=$(jq .name $tmpuserdump -r) ❸
created_at=$(jq .created_at $tmpuserdump -r)

joinyear=$(echo $created_at | cut -f1 -d"-") ❹
echo $name joined GitHub in $joinyear ❺
```

❶ 提供一個變數預設值，以防指令碼使用者在呼叫時未提供變數值時，可以發揮作用。

❷ 預設使用 curl 來取用 GitHub 的 API[46]，以便把使用者資訊下載成 JSON 格式的檔案，並將其儲存在一個暫存檔裡（下一行便是這個動作）。

---

46 *https://oreil.ly/A7CLS*

❸ 利用 jq 取出我們所需的欄位內容。注意 created_at 欄位的值看起來會像「2009-02-07T16:07:32Z」這樣。

❹ 利用 cut 把 JSON 檔案中 created_at 欄位的年份內容取出來。

❺ 把輸出訊息組合起來，然後顯示在螢幕上。

現在我們先用預設值執行看看：

```
$ ./gh-user-info.sh
Michael Hausenblas joined GitHub in 2009
```

很好，現在你已經完全準備好如何使用 shell，無論是在提示處進行互動操作、還是以 scripting 運作皆然。但在我們做總結之前，請思考一下以下關於這支 *gh-user-info.sh* 指令碼的一些顧慮：

- 萬一 GitHub API 傳回的 JSON blob 內容無效該怎麼辦？如果我們遇到的是 500 HTTP 這類的錯誤訊息呢？假如使用者無法自行處理這類狀況，也許我們該加上一段「請稍後再嘗試」這樣的字樣來因應，會比較有用。

- 要讓這段指令碼能夠運作，你必須要能存取網路，不然呼叫 curl 時便會出錯。可是如果沒有網路可用時怎麼辦？應該告知使用者這種情形，並建議他們可以應對的方式，例如去檢查網路連線。

- 請思考關於相依性的改善方式，舉例來說，我們已經逕行假設執行環境中安裝了 curl。能否加上一個二進位檔案變數檢查，在 curl 從缺時改用 wget？

- 加上一些使用說明如何？如果為指令碼加上 -h 或 --help 參數時，就顯示一些簡單扼要的使用範例與選項，讓使用者可以更改執行方式（最好提一下會用到既有預設值的方式）。

所以囉，即使指令碼看似運作無誤、大部分狀況也都能應付，總還是有可以改進之處，像是讓指令碼更善於處理意料外的狀況、並提供有用的錯誤訊息等等。這時就該考慮運用一些像是 bashing[47]、rerun[48] 或 rr[49] 之類的框架結構，來提升指令碼的模組化性質。

---

47 *https://oreil.ly/gLmlB*
48 *https://oreil.ly/t8U9u*
49 *https://oreil.ly/7F2lT*

結論

本章著重在以終端機、也就是文字化使用者介面來操作 Linux。我們介紹了關於 shell 的術語，也提供了關於 shell 基本操作的上手說明，還檢視了各種常見的任務、以及如何透過一些特定命令的現代化版本，來提升你在 shell 上的生產力（例如以 exa 取代 ls）。

接著我們又看過了現代更人性化的 shell，特別是 fish，也解釋了如何設定和使用這些 shell。此外，我們也以 tmux 為上手的實例，探討了終端機多工器，讓讀者們能同時操作多個本地端或遠端的會談。運用現代化的 shell 和多工器，可以大幅地提升你在命令列的工作效率，筆者十分鄭重地建議大家考慮採用它們。

最後我們探討了如何撰寫安全及可攜的 shell 指令碼，藉以將任務自動化，也提到如何潤飾和測試指令碼。記住，shell 其實就只是命令的直譯工具，就像任一種語言一樣，你得經常練習才能流利地運用它。話說到此，讀者們已經具備了以命令列操作 Linux 的基礎知識，也就能應付坊間大多數採用 Linux 的系統了，不論是嵌入式系統還是雲端虛擬機都一樣。在任何情況下，你都可以找到取得終端機介面的方式，並以互動方式發號施令、或是執行指令碼。

倘若讀者們還想繼續深入本章探討的各項題材，以下是若干額外參考資源：

終端機

- 「Anatomy of a Terminal Emulator」（*https://oreil.ly/u2CFr*）
- 「The TTY Demystified」（*https://oreil.ly/8GT6s*）
- 「The Terminal, the Console and the Shell—What Are They?」（*https://oreil.ly/vyVAV*）
- 「What Is a TTY on Linux? (and How to Use the tty Command)」（*https://oreil.ly/E0EGG*）
- 「Your Terminal Is Not a Terminal: An Introduction to Streams」（*https://oreil.ly/xIEoZ*）

Shells

- 「Unix Shells: bash, Fish, ksh, tcsh, zsh」（*https://oreil.ly/4pepC*）
- 「Comparison of Command Shells」（*https://oreil.ly/RQfS6*）
- 「bash vs zsh」thread on reddit（*https://oreil.ly/kseEe*）
- 「Ghost in the Shell—Part 7—ZSH Setup」（*https://oreil.ly/1KGz6*）

終端機多工器

- 「A tmux Crash Course」（*https://oreil.ly/soqPv*）
- 「A Quick and Easy Guide to tmux」（*https://oreil.ly/0hVCS*）
- 「How to Use tmux on Linux（and Why It's Better Than screen）」（*https://oreil.ly/Q75TR*）
- *The Tao of tmux*（*https://oreil.ly/QDsYI*）
- *tmux 2: Productive Mouse-Free Development*（*https://oreil.ly/eO9y2*）
- Tmux Cheat Sheet & Quick Reference website（*https://oreil.ly/SWCa5*）

Shell 指令碼

- 「Shell Style Guide」（*https://oreil.ly/3cxAw*）
- 「bash Style Guide」（*https://oreil.ly/zfy1v*）
- 「bash Best Practices」（*https://oreil.ly/eC1ol*）
- 「bash Scripting Cheatsheet」（*https://oreil.ly/nVroM*）
- 「Writing bash Scripts That Are Not Only bash: Checking for bashisms and Testing with Dash」（*https://oreil.ly/D0zwe*）

掌握了本章的 shell 基礎知識以後，我們要進行下一個主題：Linux 的存取控制與實施方式。

## 第四章

存取控制

前一章，我們廣泛地探討了關於 shell 及 scripting 的一切，現在我們要把焦點轉換到 Linux 中另一項關鍵性的特定安全議題。本章將探討關於使用者、以及對一般資源存取的控制，尤其是針對檔案。

在一個多人共用的環境中會立刻浮上檯面的問題，就是所有權（ownership）。舉例來說，一個使用者可以擁有一個檔案。因此他們有權讀取檔案、寫入檔案、甚至刪除檔案。但因為系統上還有其他使用者，這些「其他人」又可以做些什麼？又應如何定義與實施？還有一些動作可能一開始不見得與檔案有關。例如，某一使用者可能（或不會）獲准更改網路相關設定之類。

要處理這類題材，我們得先從存取的角度理解使用者、程序和檔案間的相互關係。我們也必須搞懂沙箱環境（sandboxing）及存取控制的類型。接著我們會專注在 Linux 對使用者的定義、使用者的行為權限、以及如何從本地端管理使用者，甚至是改以集中方式加以管理。

接著我們會繼續探討關於權限（permissions）的題材，並檢視如何控制對檔案的存取、以及程序如何受到這類限制方式的影響。

我們會在總結本章時談到與存取控制相關的一系列 Linux 的進階功能，例如 capabilities、seccomp profiles、以及 ACL 等等。最後我們會提出一些關於權限和存取控制的一些良好的安全實務概念。

現在就讓我們馬上進入使用者與資源所有權的主題，為本章先打好基礎。

基礎

在我們開始介紹存取控制機制之前，且先打住，讓我們以較宏觀的方式來觀察一下。如此會有助於建立對若干術語的認識，並釐清主要概念之間的關係。

資源與所有權

Linux 是多人作業系統，因此它承襲了源於 Unix 的使用者（請參閱第 84 頁的「使用者」一節）概念。每個使用者帳號都擁有自己的識別碼（user ID），而識別碼可被賦予對各種標的物的存取權，包括可執行檔案、一般檔案、裝置、以及其他類型的 Linux 資產。人身使用者還可以用帳號登入系統，而程序則可倚仗使用者帳號的身份來執行。此外還有資源（我們通常統一以檔案來表示它們），包括任何可讓使用者接觸的軟硬體元件。在這種一般化的概念下，除非我們特別提及對於其他種類資源的存取，例如系統呼叫（syscalls）之類，不然我們一律將資源也視為檔案。在圖 4-1 和隨後各節的段落中，讀者們將陸續體驗到 Linux 中的使用者、程序及檔案間的籠統關係。

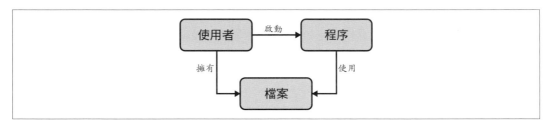

圖 4-1　Linux 裡的使用者、程序與檔案

使用者

> 可以啟動程序、或擁有檔案。*程序*（*process*）其實是一支程式（亦即可以執行的檔案），可供核心載入到記憶體中加以執行。

檔案

> 必須有擁有者存在；預設是以建立檔案的使用者來擔任擁有者。

程序

> 透過檔案來進行溝通及維持永久性（persistency）。當然使用者也可以間接地使用檔案，只不過必須透過程序來達成目的。

像上圖這般描繪使用者、程序與檔案之間的關係，自然是相當簡略，但它讓我們得以理解這些實際運作的要角、以及它們彼此的關係，還有後面當我們更進一步探討它們之間的互動時，也更為方便。

我們先來看看程序執行的概念，並談談一個程序會受到哪些限制的問題。當我們談到關於資源存取的題材時，會常遇到一個名詞：就是沙箱環境（*sandboxing*）。

沙箱環境

沙箱環境是一種籠統的術語，它可以由不同的方法呈現，從抽象的監獄（jails）、到容器（containers）和虛擬機器（virtual machines），都算是沙箱環境的一種，它可以在核心層面或在使用者空間加以管理。通常我們會在沙箱環境中執行一些什麼玩意（多半是應用程式），而在沙箱中執行的程序本身、及沙箱構成的環境中間，則會由沙箱的監控機制實施某種程度的區隔。如果聽起來令人丈二金剛摸不著頭，筆者建議大家先捺住性子。在本章稍後的篇幅中，如第 98 頁的「seccomp 的 Profiles」，以及第九章談到虛擬機器與容器時，很快便會再度見識到真正的沙箱環境。

當我們腦海中對於資源、所有權、及對於所謂資源的存取有了基本的認識以後，現在要來約略地談一下，一些關於存取控制的概念性作法。

存取控制的類型

存取控制的面向之一，便是存取動作自身的本質。當使用者或程序直接存取一項資源時，是否毫無受限呢？或是有一組明確的規範，指明在何種狀況下、某一程序可以取用哪些資源（檔案或系統呼叫）。又或者存取動作本身還會被記錄下來。

從概念上來說，存取控制可以區分成不同的類型。其中最重要的、同時也跟我們探討 Linux 的背景時有關的，便是**自主性**（*discretionary*）和**強制性**（*mandatory*）這兩種存取控制方式：

自主性存取控制

在自主性存取控制（discretionary access control, DAC）中，其概念在於根據使用者身份識別來限制對於資源的存取。從某種程度來說，因為具備特定權限的使用者可以將其轉遞給其他使用者，因而被稱為自主性的。

強制性存取控制

強制性存取控制係以階層式模型為基礎，這個模型代表了安全的層級。使用者必須具備明確的層級，而資源則會被指定一個安全標籤。只有當資源相應的層級與使用者層級相同、或比使用者更低時，使用者才能存取它們。在強制性存取控制模型中，管理者會對存取控制嚴格地設下權限。亦即使用者無從自訂權限，就算是它們擁有的資源也不能更動。

此外，傳統上 Linux 採用全有或全無的授權態度，亦即你要不就是有權任意更動任何事物的超級使用者，要不就只是權力有限的一般使用者。最早是沒有簡單且彈性的方式來對使用者或程序指派某些特權的。例如平常要啟用「程序 X 獲准更動網路設定」，你只得賦予 root 權限。這當然會讓遭到破解的系統深受其害：攻擊者輕易就能濫用藉此取得絕大權力。

在此說明一下 Linux 中的「全有或全無的授權態度」：大多數 Linux 系統中預設都是允許讀取幾乎所有的檔案，而且檔案可以開放給「others」，亦即系統中的所有使用者執行的。但以 SELinux 為例，一旦啟用，其強制性存取控制就會施加限制，只有具備明確權限的資產才准予使用。以此為例，一個網頁伺服程式便只能使用 80 和 443 號通訊埠、只有從特定目錄才能分享檔案和指令碼、或是只能將日誌檔寫到特定場所等等。

在第 96 頁的「進階權限管理」小節中會再度探討權限的題材，屆時會再看到，現代化的 Linux 功能是如何克服上述的二分法觀點，並進而更細緻地管理權限。

實作了強制性存取控制的 Linux，最為人所熟知的要算是 SELinux。它是為了滿足政府機構對於安全性的高度要求而研發，而且由於嚴格規範帶來使用上的不便，這類系統通常也只有在上述環境中才會使用。另一種強制性存取控制選項，則是從 2.6.36 版之後便附在 Linux 核心當中的 AppArmor，它在 Ubuntu 系列的 Linux 發行版中廣受愛用。

現在我們要繼續介紹關於使用者的題材，以及如何在 Linux 中管理它。

使用者

在 Linux 裡，我們通常會依照目的或預計的用途，把使用者帳號區分成兩個類型：

俗稱的系統使用者、或系統帳號

通常程式（有時亦稱為 *daemons*）會藉著這種帳號、以背景端程序來執行。這些程式提供的服務，會是作業系統的一部分，例如網路（像是 sshd 之類）、或是應用層（像 mysql 這個非常受歡迎的關聯式資料庫）。

一般使用者

例如會透過 shell 互動操作 Linux 的人身使用者。

系統和一般使用者的區別，與其說是技術上的、倒比較像是組織性架構上的差異。為了理解起見，我們得先提一下使用者識別碼（user ID, UID）的概念，它是一個 32 位元的數值，由 Linux 自己控管。

Linux 會以 UID 來識別使用者，而一個使用者可以屬於一或多個群組，且群組也可以透過群組識別碼（group ID, GID）來識別。其中有一種特殊的使用者，其 UID 為 0，也就是俗稱的 root。這種「超級使用者」有權做任何事，也就是全不受限。通常你會避免以 root 使用者身份作業，因為它的權限太高，你很可能不慎就毀掉一套系統（筆者就幹過這種蠢事）。本章稍後會再討論到這一點。

不同的 Linux 發行版各有自己決定如何管理 UID 範圍的一套辦法。舉例來說，採用 systemd 的發行版（請參閱第 130 頁的「systemd」一節），便採取以下的配置慣例（不過這裡已經簡化過）：

UID 0

代表 root

UID 1 to 999

保留給系統使用者

UID 65534

代表 nobody 這個特殊使用者，例如用來把遠端使用者對應到某個慣用的識別碼，如同第 197 頁「網路檔案系統」的案例那樣

UID 1000 到 65533、以及 65536 到 4294967294

代表一般使用者

要查出你自己的 UID，只要用 id 命令就可以知道（很直接了當吧？）：

```
$ id -u
2016796723
```

現在你知道關於 Linux 使用者的基本知識了，來看看如何管理它。

在本地端管理使用者

第一種選項，傳統上也是唯一的辦法，就是從本地端管理使用者。亦即只需用到所在機器中的資訊，而且使用者資訊無法跨越機器構成的網路彼此共享。

以本地方式管理使用者資訊時，Linux 採用一種簡單的檔案式介面，但其名稱卻很容易把人搞糊塗，不幸的是，這是源於 Unix 系統的歷史包袱。表 4-1 列出了實作使用者管理時所需的四個檔案。

表 4-1　本地端使用者管理參考的檔案

目的	檔案
使用者資料庫	/etc/passwd
群組資料庫	/etc/group
使用者密碼	/etc/shadow
群組密碼	/etc/gshadow

不妨將 /etc/passwd 想像成一個迷你的使用者資料庫，其中會保有使用者名稱、UID、群組成員關係、以及像是家目錄位置和登入用哪一種 shell 等其他資料。我們來看一個實際的例子：

```
$ cat /etc/passwd
root:x:0:0:root:/root:/bin/bash ❶
daemon:x:1:1:daemon:/usr/sbin:/usr/sbin/nologin ❷
bin:x:2:2:bin:/bin:/usr/sbin/nologin
sys:x:3:3:sys:/dev:/usr/sbin/nologin
nobody:x:65534:65534:nobody:/nonexistent:/usr/sbin/nologin
syslog:x:104:110::/home/syslog:/usr/sbin/nologin
mh9:x:1000:1001::/home/mh9:/usr/bin/fish ❸
```

❶ root 使用者的 UID 0。

❷ 系統帳號（nologin 曝光了它的性質；請參閱以下說明）。

❸ 筆者自己的使用者帳號。

我們來仔細瞧瞧 */etc/passwd* 裡的一行資訊，以便進一步了解使用者資訊的架構詳情：

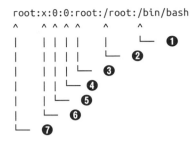

```
root:x:0:0:root:/root:/bin/bash
^    ^ ^ ^ ^   ^     ^
|    | | | |   |     └─ ❶
|    | | | |   └─ ❷
|    | | | └─ ❸
|    | | └─ ❹
|    | └─ ❺
|    └─ ❻
└─ ❼
```

❶ 代表登入用的 shell。如果不需用到互動式登入，請改成 */sbin/nologin*。

❷ 使用者的家目錄；此處預設為 */root*。

❸ 使用者資訊，例如全名或電話號碼之類的聯絡方式。通常又簡稱為 GECOS 欄位。注意這裡的欄位並未採用 GECOS 格式，而是改採帳號持有人的全名。

❹ 使用者的主要群組（此處顯示的是 GID）；請參閱 */etc/group*。

❺ UID。注意 Linux 將低於 1000 的 UID 保留給系統使用。

❻ 使用者密碼，這裡以字元 x 代替，意指（經過加密的）密碼已另外儲存在 */etc/shadow* 檔案中，這是如今預設的方式。

❼ 使用者名稱，不得超過 32 個字元。

在 */etc/passwd* 檔案中，我們原本以為，會在此發現一件預期像檔名字面含意一樣的內容出現，但是它卻從缺了：也就是密碼。基於歷史因素，密碼都改放在 */etc/shadow* 這個檔案裡。雖說任何人都可以讀取 */etc/passwd* 檔案，但卻必須擁有 root 權限才能讀取 */etc/shadow*。

如欲新增使用者，可以使用 adduser 命令[1] 如下：

```
$ sudo adduser mh9
Adding user `mh9' ...
Adding new group `mh9' (1001) ...
Adding new user `mh9' (1000) with group `mh9' ...
Creating home directory `/home/mh9' ... ❶
Copying files from `/etc/skel' ... ❷
New password: ❸
Retype new password:
passwd: password updated successfully
```

---

1 譯註：adduser 其實是一隻精心撰寫的指令碼，它將真正新增使用者的 useradd 命令包裝成互動式操作的指令碼，使用起來更貼近人性。

```
Changing the user information for mh9
Enter the new value, or press ENTER for the default ❹
        Full Name []: Michael Hausenblas
        Room Number []:
        Work Phone []:
        Home Phone []:
        Other []:
Is the information correct? [Y/n] Y
```

❶ adduser 命令會建立家目錄。

❷ 它也會將一堆預設好的組態檔案複製到家目錄下。

❸ 需要指定密碼。

❹ 選擇性地提供 GECOS 資訊。

如果你想建立一個系統帳號,請加上選項 -r。這會停用該帳號使用登入 shell 的能力,同時也不會建立家目錄。至於該命令自身的設定細節,可以參閱 /etc/adduser.conf,其中會包含各種選項設定,像是可以採用的 UID/GID 範圍等等。

除了使用者以外,Linux 也具備群組的概念,其實就是把一個以上的使用者放在一個集合裡的概念。任何尋常的使用者都會隸屬於一個預設群組,但也可以同時隸屬於多個其他群組。你可以在 /etc/group 檔案中找到上述的群組及成員關係:

```
$ cat /etc/group ❶
root:x:0:
daemon:x:1:
bin:x:2:
sys:x:3:
adm:x:4:syslog
...
ssh:x:114:
landscape:x:115:
admin:x:116:
netdev:x:117:
lxd:x:118:
systemd-coredump:x:999:
mh9:x:1001: ❷
```

❶ 顯示群組對應檔案的內容。

❷ 筆者自己的帳號所屬的一個範例群組,其 GID 為 1001。注意你可以在最尾端的冒號後面添加以逗點區隔的使用者名稱清單,代表這些使用者都是群組成員,因而可以取得群組所擁有的權限。

了解了基本的使用者概念與管理方式之後，我們要繼續談談專業環境中另一種可能較為理想的使用者管理方式，因為它適合使用者數量眾多的狀況。

集中式使用者管理

如果你需要為一部以上的機器或伺服器上（例如某個專業用的配置環境）管理眾多使用者，那麼從本地端管理使用者的方式馬上就會顯得過時而不切實際。你會需要一種集中的方式來管理使用者，以便套用到特定機器的本地端。可用的方式有好幾種，端看你的需求和預算（或時間）而定：

以目錄為基礎

> 輕量型目錄存取協定（Lightweight Directory Access Protocol, LDAP）是一套已有數十年歷史的協定組合，現已由 IETF 加以正式官方化，它定義了如何透過網際網路協定（Internet Protocol, IP）存取和維護一個分散式的目錄。你可以自行建置 LDAP 伺服器（例如透過 Keycloak[2] 這樣的專案），或是外包給 Azure Active Directory 這類的雲端服務。

藉由網路進行

> 使用者可以藉由 Kerberos 的網路方式認證。第 238 頁的「Kerberos」小節會做介紹。

利用組態管理系統

> 這類系統包括 Ansible、Chef、Puppet 或 SaltStack，它們皆可用來為多部機器一致地建立使用者資訊。

實際上的實作方式則取決於環境。某企業中很可能已經有 LDAP 正在運作，這樣一來就沒有其他選擇。然而，不同實作方式的細節、以及其各自的優劣之處，則不在本書探討範圍之內。

權限

在這個小節中，我們首先要仔細說明 Linux 的檔案權限，這是存取控制的核心，然後我們會觀察程序的相關權限。亦即我們會檢視執行期間的權限、以及它們是如何從檔案權限推導而得的。

---

2   *https://oreil.ly/j6qm2*

檔案權限

檔案權限是 Linux 資源存取概念的核心所在，因為 Linux 多少都將一切視為檔案之故。我們先來複習一些術語，然後再詳細探討關於檔案存取與權限的中介資料（metadata）呈現方式。

以下列出三種權限的類型或範圍，規模從小到大：

使用者

> 檔案擁有者

群組

> 包含一個以上的使用者

其他

> 任何其他人的專屬類別

此外，存取方式也分成三種：

讀取（r）

> 對於一般的檔案來說，這就可以讓使用者檢視檔案內容了。但對於目錄來說，這代表使用者可以檢視目錄中的檔案名稱。

寫入 Write（w）

> 對於一般的檔案來說，這就可以讓使用者更改和刪除檔案了。但對於目錄來說，這代表使用者可以在目錄中新建檔案、為檔案更名、以及刪除檔案。

執行（x）

> 對於一般的檔案來說，這就可以讓使用者執行他們有權讀取的檔案了。但對於目錄來說，這代表使用者可以取得目錄中的檔案資訊，亦即可以切換至目錄當中（cd）或是列舉檔案（ls）。

其他的檔案存取位元

筆者列出了 r/w/x 三種檔案存取的類型，但事實上當你使用 ls 觀察時，還可以看到別的類型：

- s 代表套用在可執行檔上的 setuid/setgid 權限。執行這種檔案的使用者會繼承檔案擁有者（或檔案的群組擁有者）的有效特權。

- t 代表黏著位元（sticky bit），它只能套用在目錄上。一旦設置了，它就會阻止非 root 的使用者刪除該目錄中不屬於該使用者的目錄或檔案。

此外，Linux 還可以用 chattr（更改屬性之意）命令進行特殊設定，但這不在本章探討範圍之內。

讓我們來看看現實中的檔案權限（注意此處 ls 命令輸出的空格是刻意編排出來的，目的是為了便於閱覽）：

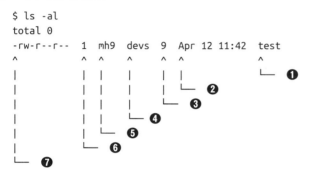

```
$ ls -al
total 0
-rw-r--r--  1  mh9  devs  9  Apr 12 11:42  test
```

❶ 檔案名稱

❷ 最近一次更改時的時間戳記

❸ 以位元組為單位的檔案大小

❹ 檔案的群組擁有者

❺ 檔案的擁有者

❻ 硬性連結的數量（*https://oreil.ly/9Gfzu*）

❼ 檔案模式

如果細看**檔案模式**（亦即以上段落中對應在❼位置的檔案類型與權限），其中欄位代表的意義如下：

```
. rwx rwx rwx
```

```
│  └─ ❸
└─ 4
```

❶ 其他人的權限

❷ 群組的權限

❸ 檔案擁有者的權限

❹ 檔案類型（請參閱表 4-2）

檔案模式中的第一個欄位，代表的就是檔案類型；詳情請參閱表 4-2。檔案模式中其餘的部位，其實是各種標的物的權限編碼集合，其順序從擁有者到其他人，如表 4-3 所示。

表 4-2　mode 裡的檔案類型

符號	語意
-	代表一般檔案（例如以 touch abc 產生的檔案）
b	代表區塊特殊檔案
c	代表字元特殊檔案
C	代表高效能（contiguous data，連續資料）檔案
d	代表目錄
l	代表符號連結
p	代表具名管線（named pipe，從 mkfifo 產生）
s	代表 socket
?	其他（未知的）檔案類型

另外還有一些其他的（算是較古早甚至過時）字元，像是 M 或 P 也會用在開頭的位置（position 0），但可以忽略。如果你對它們有興趣，請執行 info ls -n "What information is listed" 試試看。

經過組合後，檔案模式中的這些權限便決定了目標集合中每個元素（使用者、群組及其他）可以做的事，如表 4-3 所示，存取時便會據以檢查和實施。

表 4-3　檔案權限

樣式	等效權限	十進位數值呈現方式
---	無	0
--x	執行	1
-w-	寫入	2
-wx	寫入與執行	3

樣式	等效權限	十進位數值呈現方式
r--	讀取	4
r-x	讀取與執行	5
rw-	讀取與寫入	6
rwx	讀取、寫入與執行	7

現在來看一些例子：

755

　　擁有者的權限最大；除此外的其他人就只能讀取和執行

700

　　擁有者依然權限最大；此外其他人無權操作

664

　　擁有者及群組有權讀 / 寫；其他人就只有唯讀

644

　　擁有者有權讀 / 寫；除此外其他人就只有唯讀

400

　　連擁有者都只能唯讀

筆者系統上的 664 有著特殊用意。當筆者建立資料時，這是它獲得的預設權限。你可以用 umask 命令檢查這一點，筆者系統的查詢結果自然是 0002。

setuid 權限會告訴系統，以擁有者的身份及權限來執行這個可執行檔。但如果檔案是由 root 所擁有，就會引起問題。

你可以用 chmod 來更改檔案權限。不論是直接指明最終權限設定（例如訂為 644）、或是以精簡方式偷吃步（例如就只指出異動部分，像是用 +x 代表要添加執行的權限）。但實際上看起來又是如何呢？

我們不妨動手用 chmod 試試：

```
$ ls -al /tmp/masktest
-rw-r--r-- 1 mh9 dev 0 Aug 28 13:07 /tmp/masktest ❶

$ chmod +x /tmp/masktest ❷
```

```
$ ls -al /tmp/masktest
-rwxr-xr-x 1 mh9 dev 0 Aug 28 13:07 /tmp/masktest ❸
```

❶ 一開始的檔案權限，是擁有者有權讀 / 寫（r/w）、此外的其他人便只有唯讀，也就
是 644 的模式。

❷ 讓檔案變得可供執行。

❸ 現在檔案權限變成擁有者有權讀 / 寫 / 執行（r/w/x）、而此外其他人也可以讀取和執
行了（r/x），也就是 755 的模式。

在圖 4-2 中，大家可以看到以上的命令在檯面下的實際運作。注意你也許並不想讓所有
人都有權執行該檔案，因此最好再改成 chmod 744，這樣就只有擁有者才具備正確的權
限，但不至於過度影響此外的其他人。我們會在第 99 頁的「良好實務習慣」一節中再
進一步探討這一點。

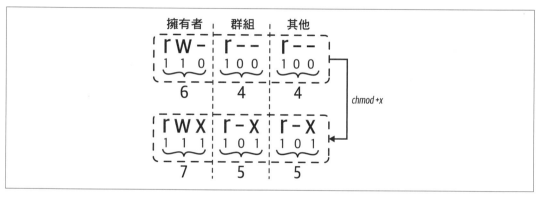

圖 4-2　讓檔案變得可供執行，以及如何達成檔案權限變更

你還可以用 chown 更改擁有者（chgrp 自然是更改群組擁有者）：

```
$ touch myfile
$ ls -al myfile
-rw-rw-r-- 1 mh9 mh9 0 Sep 4 09:26 myfile ❶

$ sudo chown root myfile ❷
-rw-rw-r-- 1 root mh9 0 Sep 4 09:26 myfile
```

❶ 這是筆者自行建立的檔案 *myfile*。

❷ 執行過 chown 後，擁有者變成 root 了。

探討過基本的權限管理後，我們可以繼續介紹這個領域中更高階的技術了。

程序的權限

截至目前為止，我們始終著眼在人身使用者是如何存取檔案、以及相關的對應權限為何。現在我們要把焦點改放到程序上。在第 82 頁的「資源與所有權」小節中，我們談過了使用者是如何擁有檔案、而程序又是如何使用檔案。這便衍生出下一個問題：從程序的角度來看的權限會是什麼樣子？

正如 man 手冊中的 credentials(7) 一節 [3] 所述，執行期間的權限涉及幾種性質各異的使用者識別碼：

真實 UID（Real UID）

所謂真實的 UID，指的是發起程序的使用者自己的 UID。它同時也代表了人身使用者對程序的所有權。程序本身可以透過 getuid(2) 取得真實 UID，而你也可以在 shell 中以 stat -c "%u %g" /proc/$pid/ 來查詢。

有效 UID（Effective UID）

在存取訊息佇列（message queues）之類的共享資源時，Linux 核心利用所謂的有效 UID 來判斷程序的權限。傳統的 UNIX 系統也以這種方式來決定檔案存取。但 Linux 先前則是以專門的檔案系統 UID（參見下一項說明）來決定檔案存取權限。基於相容性因素，這一點目前仍然支援。程序可以透過 geteuid(2) 取得有效 UID。

暫存 set-user-ID（Saved set-user-ID）

暫存 set-user-ID 會出現在用到 suid 的場合，這時的程序可以藉由在真實 UID 和暫存 set-user-ID 之間切換有效 UID，而暫時取得特權。舉例來說，為了讓一個程序可以使用特定網路通訊埠（請參閱第 175 頁的「通訊埠」小節），它必須提升特權等級，例如以 root 身份運作。程序可以透過 getresuid(2) 取得暫存 set-user-ID。

檔案系統 UID（Filesystem UID）

這種 Linux 獨有的 ID 是用來判斷檔案存取權限時使用的。它原本的用意，是在檔案伺服器區隔程序與使用者的訊號時，會以一般使用者的身份代為行動。程式通常不會直接操作這類的 UID。而是由核心來追蹤有效 UID 是在何時變更、並自動將檔案系統 UID 隨同有效 UID 變更。這代表檔案系統 UID 常會跟有效 UID 一致，但仍可透過 setfsuid(2) 變更。注意，技術上在 2.0 版以後的 Linux 核心已經不需要這種 UID，不過仍為了相容性而保存下來。

---

3 *https://oreil.ly/o7gf6*

一開始當 fork(2) 衍生出子程序時，它會承接父程序的 UID，但在執行 execve(2) 系統呼叫時，程序的真實 UID 會保持不動、而有效的 UID 和留存的 set-user-ID 就會變動。

舉例來說，當你執行 passwd 命令時，你的有效 UID 就是你自己的 UID，假設就是 1000 好了。現在因為 passwd 被指定了 suid，亦即當你執行該命令時，你的有效 UID 會變成 0（也就是 root）。當然還有其他方式可以影響有效 UID，例如透過 chroot 和別種沙箱環境技術等等。

 POSIX 的執行緒（*https://oreil.ly/kJFaJ*）會要求同一程序中所有執行緒都共用身份（credentials）。然而在核心層級，Linux 則會為每個執行緒都保留各自的使用者和群組身份。

除了檔案存取權限以外，核心還會在其他事物上運用程序 UID，例如以下項目（但不限於此處所列）：

- 建立發送訊號（signals）的權限，例如當你對特定程序 ID 發出 kill -9 時要如何處理。第六章會再討論到這一點。
- 排程及優先性的權限處理（例如 nice 命令）。
- 檢查資源限制，這會在第九章說明容器時再詳細探討。

雖說在 suid 的背景下的有效 UID 運作概念相當直接，但當涉及到 capabilities 時，就有相當的難度了。

進階權限管理

到目前為止，我們著重的都是一般廣為使用的機制，本小節的內容則較偏向進階題材，不見得會在實驗性的環境中派上用場。但是在專業場合（亦即涉及業務關鍵負載的正式環境運用案例），你至少要知道以下幾種進階的權限管理手法。

Capabilities

對於 Linux 來說，由於它具備 UNIX 系統的特性，因此 root 使用者在執行程序時是完全不受限的。換句話說，核心只會區分以下兩種狀況：

- 特權程序，會繞過核心的權限檢查，其有效 UID 為 0（也就是 root）
- 非特權程序，其有效 UID 不為 0，且核心會進行權限檢查，如第 94 頁「程序的權限」所述

當 2.2 版核心引進 capabilities 這個 syscall 時，以上的二分法世界觀便被顛覆了：傳統上與 root 相關的特權，現在被分解成不同的單元，然後便可以分別指派給個別的執行緒層級。

而在現實中的概念是，正常程序不具備任何能力（zero capabilities），而是由上一小節探討的權限來控制。你可以將 capabilities 指派給可執行檔（即二進位檔案或是指令碼檔案）及程序，以便逐步提升執行任務所必要的特權（請參閱第 99 頁的「良好的實務習慣」一節）。

現在要再提醒一句：capabilities 通常只跟系統層級的任務有關。亦即大部分的時間裡你都不需為它操心。

表 4-4 列出了部分常用的 capabilities。

表 4-4　有用的 capabilities 範例

能力	語意
CAP_CHOWN	允許使用者任意更改檔案的 UIDs/GIDs
CAP_KILL	允許對其他使用者擁有的程序發出訊號
CAP_SETUID	允許變更 UID
CAP_SETPCAP	允許為執行中的程序設定 capabilities
CAP_NET_ADMIN	允許各種與網路相關的動作，像是設定介面等等
CAP_NET_RAW	允許使用 RAW 和 PACKET 等 sockets
CAP_SYS_CHROOT	允許呼叫 chroot
CAP_SYS_ADMIN	允許系統管理員操作，包括掛載檔案系統
CAP_SYS_PTRACE	允許使用 strace 為程序除錯
CAP_SYS_MODULE	允許載入核心模組

我們來觀察一些現實當中的 capabilities。對於入門者來說，如欲觀察 capabilities，只需使用以下的命令（輸出已經過編排以便閱讀）：

```
$ capsh --print ❶
Current: =
Bounding set =cap_chown,cap_dac_override,cap_dac_read_search,
cap_fowner,cap_fsetid,cap_kill,cap_setgid,cap_setuid,cap_setpcap,
...

$ grep Cap /proc/$$/status ❷
CapInh: 0000000000000000
CapPrm: 0000000000000000
CapEff: 0000000000000000
CapBnd: 000001ffffffffff
CapAmb: 0000000000000000
```

❶ 一覽系統中所有的 capabilities

❷ 當前程序（即 shell 自身）的 capabilities

透過 getcap 和 setcap，你可以用更細緻的方式管理 capabilities，亦即針對個別檔案進行（其詳情與良好實務習慣則不在本章探討範圍內）。

Capabilities 有助於從全有或全無的環境，過渡到個別檔案的特權微調方式。接下來，我們要介紹另一種高階的存取控制題材：seccomp 的沙箱環境技術。

seccomp 的 Profiles

安全運算模式（secure computing mode, seccomp）是一種 Linux 核心功能，其導入時間為 2005 年。這種沙箱環境技術背後的基本概念，在於利用 seccomp(2) 這種特殊的 syscall，來限制一個程序可以使用的 syscall 種類。

雖然你可能會覺得自己直接管理 seccomp 並不方便，實際上還是有辦法不費太多功夫便能駕馭它。例如，容器環境中（請參閱 143 頁的「容器」一節）的 Docker 和 Kubernetes 都支援 seccomp。

現在讓我們再來談談傳統上對於細分檔案權限的衍生作法。

存取控制清單

透過存取控制清單（access control lists, ACLs），我們就能在 Linux 中擁有彈性化的權限機制，它可以自行運作、或是搭配 89 頁的「檔案權限」小節中所探討過、更為「傳統」的權限來運作。因應傳統權限的缺陷，ACL 的做法是允許你將權限賦予不屬於任何群組的使用者或群組。

要檢視你使用的發行版是否支援 ACL，請利用 grep -i acl /boot/config*，如果運氣好，就會在輸出訊息中某處看到 POSIX_ACL=Y，那就是有支援的意思。為了在檔案系統中使用 ACL，必須在掛載那一刻便予以啟用，亦即加上選項 acl。acl 的相關文件 [4] 裡有詳盡的說明。

在此對 ACL 不多做贅述，因為它略為超出了本書範疇；但萬一哪天狹路相逢，而你已對它有起碼的認識，也知道必要是從何處著手，總是一件好事。

閱讀至此，我們該來檢視一下若干與存取控制有關的良好實務習慣了。

---

4 *https://oreil.ly/Ngr0m*

良好的實務習慣

以下是存取控制題材中若干與安全性有關的「良好實務習慣」。其中有些雖然看起來更適於運用在專業環境當中，但每個人都至少應該對此有所認識。

最小授權（*Least privileges*）

依照最小授權原則的說法，就是一個人或程序都應該只具備達成特定任務剛好所需的權限。舉例來說，如果一支 app 不該寫入檔案，那麼它應該就只能具備讀取存取權。對存取控制而言，你可以用兩種方式實現最小授權：

- 在第 89 頁的「檔案權限」一節中，我們看到了執行 chmod +x 的後果。它不但給出了你需要的權限，同時也對其他使用者賦予了過多的權限。以明確的數值模式直接指定權限，要比符號模式好得多。換句話說，儘管符號模式比較方便，卻不夠嚴謹。

- 儘量避免以 root 身份做事。例如當你需要安裝什麼東西時，就該用 sudo 協助、而不是直接用 root 登入來做這件事。

注意，如果你正在撰寫應用程式，可以利用 SELinux 的策略（policy）來施加限制，只允許它能存取特定的檔案、目錄及其他功能。相較之下，Linux 的預設模型幾乎是允許應用程式可以存取系統中任何未曾設限的檔案。

少用 *setuid*

請多利用 capabilities、而非仰賴 setuid，因為後者極具殺傷力，可能成為攻擊者晉身之階，藉以掌控你的系統。

稽核

稽核的概念在於記錄所有動作（以及由誰進行），而且紀錄成果必須是無從竄改的。你可以在日後利用這些僅限唯讀的日誌來驗證誰在何時做了些什麼事。第八章時我們會再深入此項主題。

結論

現在你已經知道 Linux 是如何管理使用者、檔案，以及對資源的存取了，你已經具備足夠的知識，知道如何安全地執行日常任務了。

對於 Linux 的任何運作來說，請牢記使用者、程序與檔案的三角關係。這對於一套像 Linux 這樣的多人作業系統來說是至關緊要的，主要是為了保障操作安全、並避免破壞系統本身。

我們檢視了存取控制的類型，也定義了 Linux 裡的使用者、以及他們能做的事、還有如何從本地端、或以集中方式管理它們。檔案權限的題材以及其管理方式也許稍微棘手些，但要想掌握它們，也不過就是練習是否充分的問題罷了。

包括 capabilities 及 seccomp profiles 等進階的權限技術，幾乎都跟容器密切相關。

在最後的小節中，我們討論了與存取控制安全性相關的良好實務習慣，特別是最小授權原則的實施。

如果你還想深入本章探討過的諸多題材，以下是一些參考資源：

一般觀念

- 「A Survey of Access Control Policies」（*https://oreil.ly/0PpnS*）by Amanda Crowell
- Lynis（*https://oreil.ly/SXSkp*），一種專供 *Capabilities* 使用的稽核與遵循性測試工具
- 「Linux Capabilities in Practice」（*https://oreil.ly/NIdPu*）
- 「Linux Capabilities: Making Them Work」（*https://oreil.ly/qsYJN*）

seccomp

- 「A seccomp Overview」（*https://oreil.ly/2cKGI*）
- 「Sandboxing in Linux with Zero Lines of Code」（*https://oreil.ly/U5bYG*）

存取控制清單

- 「POSIX Access Control Lists on Linux」（*https://oreil.ly/gbc4A*）
- 「Access Control Lists」（*https://oreil.ly/owpYE*）via ArchLinux
- 「An Introduction to Linux Access Control Lists (ACLs)」（*https://oreil.ly/WCjpN*）via Red Hat

記住，安全性是一項持續不斷的過程，因此你必須隨時緊盯使用者與檔案，等我們進行到第八與第九兩章時，還會進一步詳細說明其他內容，但現在我們要先繼續介紹檔案系統這項主題。

## 第五章

檔案系統

在本章當中，我們將專注在檔案及檔案系統上。在 UNIX 上既有的「一切皆檔案」的概念，到了 Linux 也仍舊延續下來，雖說 Linux 並非完全遵循此一原則，不過其中大部分的資源確實都是以檔案的形式存在。檔案可以不同面貌呈現，從你寫給學校的信件、到你下載的趣味 GIF 動畫檔案皆然（當然前提得是下載來源確為安全可靠的）。

Linux 也將其他事物作為檔案呈現（像是裝置和偽裝置（pseudo-devices）），後者就是當你執行 echo "Hello modern Linux users" > /dev/pts/0 的時候、會把「Hello modern Linux users」這一句顯現在螢幕上的裝置。雖說你不見得會把這些資源和檔案聯想在一起，但你確實可以透過操作一般檔案的方式及工具來存取這些資源。舉例來說，核心會提供關於程序的執行期間特定資訊（如同第 19 頁「程序管理」一節所述），像是 PID 或用來產生程序的二進位檔案等等。

上述這些事物的共通點，就是它們都有標準化的一致介面：開啟檔案、蒐集關於檔案的資訊、寫入檔案等等。在 Linux 裡是由檔案系統來擔任提供這個一致介面。若搭配了 Linux 將檔案視為位元組串流的概念，這個介面讓我們不必揣測檔案架構，就能建構出可以操作各種不同類型檔案的工具。

此外，檔案系統的一致介面也減輕了你的負擔，讓你得以迅速熟悉如何操作 Linux。

在這一章裡，我們會先定義若干相關術語。接著再解釋 Linux 如何實作「一切皆檔案」的抽象概念。然後我們會檢視若干特殊用途檔案系統，核心會透過它們來提供程序或裝置的相關資訊。再來會介紹檔案及檔案系統，亦即你平常視為文件、資料及程式的事物。我們還會比較檔案系統選項，並探討常見的操作方式。

基礎

在我們開始說明檔案系統的術語之前，這裡要先對檔案系統做幾點假設：

- 雖然並非全無例外，但當今大多數廣為使用的檔案系統都是階層式架構。亦即對使用者而言就是單一檔案系統樹，並從根部（/）展開。

- 在檔案系統樹中，只有兩種類型的物件：目錄與檔案。請把目錄想像成某種組織單位，可以當成檔案的集合。如果拿樹作比喻，那麼目錄就像是樹枝節點，而樹葉便是檔案或更小的目錄。

- 你可以列出目錄的內容（ls），藉以瀏覽檔案系統，或是進入其他目錄（cd），或是顯示現在工作目錄的位置（pwd）。

- 權限是內建的：正如我們在第 89 頁「權限」一節中討論的，檔案系統具備的屬性之一，便是所有權。因此所有權會透過指派的權限來實現檔案與目錄的存取控制。

- 一般說來，檔案系統皆由核心實作。

 基於效能因素，檔案系統通常都是在核心空間實作而成，但它其實也可以在使用者空間實作。請參閱 Filesystem in Userspace (FUSE) 文件[1] 及 libfuse 專案網頁[2]。

經過以上非正式的高階觀點說明以後，現在我們可以著眼於若干更明確的術語定義，這些都是你該事先知道的：

磁碟

這是一個（實體的）區塊式裝置，例如硬碟（HDD）或固態硬碟（SSD）。以虛擬機器而言，也可以模擬出磁碟機的存在，例如 */dev/sda*（代表 SCSI 裝置）或 */dev/sdb*（代表 SATA 裝置）或是 */dev/hda*（代表 IDE 裝置）等等。

分割區（*Partition*）

你可以透過邏輯方式將磁碟劃分成分割區，一個分割區也是儲存用磁區（storage sectors）的集合。舉例來說，你可以在硬碟中建立兩個分割區，之後便會以 */dev/sdb1* 和 */dev/sdb2* 的形式呈現。

1　*https://oreil.ly/hIVgq*
2　*https://oreil.ly/cEZyY*

卷冊（*Volume*）

卷冊的概念與分割區十分相似，但它有彈性得多，而且同樣也可以格式化成某種檔案系統。第 108 頁的「邏輯卷冊管理工具」小節會再介紹卷冊的概念。

超級區塊

在進行格式化的時候，檔案系統會在起始的部分設置一個特殊區段，其中含有檔案系統的中介資料（metadata）。像是檔案系統的類型、區塊數目、狀態、以及每個區塊裡有多少個 inode 等等。

Inodes

在檔案系統中，inode 負責儲存有關於檔案的中介資料，像是大小、擁有者、位置、日期及權限等等。但 inode 不會儲存檔案名稱及實際資料內容。這些是另外儲存在目錄裡的，而目錄其實不過是另一種特殊類型的檔案而已，它會將 inode 對應到檔案名稱。

理論講得夠多了，我們來看一些這些概念在現實中呈現的模樣。首先來觀察你的系統中出現的磁碟、分割區及卷冊：

```
$ lsblk --exclude 7 ❶
NAME                        MAJ:MIN RM   SIZE RO TYPE MOUNTPOINTS
sda                           8:0    0 223.6G  0 disk            ❷
├─sda1                        8:1    0   512M  0 part /boot/efi  ❸
└─sda2                        8:2    0 223.1G  0 part            ❹
  ├─elementary--vg-root     253:0    0 222.1G  0 lvm  /
  └─elementary--vg-swap_1   253:1    0   976M  0 lvm  [SWAP]
```

❶ 列出所有的區塊裝置（block device），但排除偽（loop）裝置。

❷ 這裡有一個名為 *sda* 的磁碟機，總容量是 223 GB。

❸ 一共有兩個分割區，第一個是 *sda1*、是開機用分割區。

❹ 第二個分割區是 *sda2*，其中含有兩個卷冊（詳情請參閱第 108 頁的「邏輯卷冊管理工具」一節）。

現在我們知道實體與邏輯設置的輪廓了，接著要仔細觀察檔案系統：

```
$ findmnt -D -t nosquashfs ❶
SOURCE                       FSTYPE    SIZE  USED  AVAIL USE% TARGET
udev                         devtmpfs  3.8G     0   3.8G   0% /dev
tmpfs                        tmpfs   778.9M  1.6M 777.3M   0% /run
/dev/mapper/elementary--vg-root ext4  217.6G 13.8G 192.7G   6% /
tmpfs                        tmpfs     3.8G 19.2M   3.8G   0% /dev/shm
```

```
tmpfs                      tmpfs      5M    4K     5M   0% /run/lock
tmpfs                      tmpfs    3.8G     0   3.8G   0% /sys/fs/cgroup
/dev/sda1                  vfat     511M    6M 504.9M   1% /boot/efi
tmpfs                      tmpfs  778.9M   76K 778.8M   0% /run/user/1000
```

❶ 列出全部檔案系統，但只排除 squashfs 這個類型的檔案系統（這是一種特殊的唯讀壓縮檔案系統，原本是針對光碟設計的，如今也用於快照（snapshots））。

再進一步仔細觀察檔案系統裡的個別物件，像是目錄或檔案：

```
$ stat myfile
  File: myfile
  Size: 0              Blocks: 0        IO Block: 4096    regular empty file ❶
Device: fc01h/64513d   Inode: 555036    Links: 1 ❷
Access: (0664/-rw-rw-r--)  Uid: ( 1000/    mh9)  Gid: ( 1001/    mh9)
Access: 2021-08-29 09:26:36.638447261 +0000
Modify: 2021-08-29 09:26:36.638447261 +0000
Change: 2021-08-29 09:26:36.638447261 +0000
 Birth: 2021-08-29 09:26:36.638447261 +0000
```

❶ 檔案類型資訊

❷ 關於裝置及 inode 等資訊

在以上指令中，如果我們改用 stat .（注意這裡還有一個點字符），就可以取得目前所在的相應目錄檔案資訊，包括其 inode、使用的區塊數量等等。

表 5-1 列出了若干基本檔案系統命令，方便你探索以上介紹過的觀念。

表 5-1　精選的低階檔案系統及區塊裝置用的命令

命令	用途
lsblk	列出所有區塊裝置
fdisk、parted	管理磁碟分割區
blkid	顯示 UUID 之類的區塊裝置屬性
hwinfo	顯示硬體資訊
file -s	顯示檔案系統及分割區資訊
stat、df -i、ls -i	顯示並列出與 inode 相關的資訊

另一個會常在檔案系統中遇到的術語是連結（links）。有時你會以不同的名字來代表檔案、或是以此作為取得檔案的捷徑。Linux 裡的連結有兩種：

硬性連結（*Hard links*）

用來參照要連結到的 inode，但不能用在目錄上。也不能跨越檔案系統使用。

符號連結（*Symbolic links*，或簡稱 *symlinks*）

這是一種特殊檔案，其內容為連往其他檔案路徑的字串。

來看看現實中的連結是何模樣（以下輸出已經過精簡）：

```
$ ln myfile somealias ❶
$ ln -s myfile somesoftalias ❷

$ ls -al *alias ❸
-rw-rw-r-- 2 mh9 mh9 0 Sep  5 12:15 somealias
lrwxrwxrwx 1 mh9 mh9 6 Sep  5 12:45 somesoftalias -> myfile

$ stat somealias ❹
  File: somealias
  Size: 0          Blocks: 0        IO Block: 4096    regular empty file
Device: fd00h/64768d   Inode: 6302071    Links: 2
...
$ stat somesoftalias ❺
  File: somesoftalias -> myfile
  Size: 6          Blocks: 0        IO Block: 4096    symbolic link
Device: fd00h/64768d   Inode: 6303540    Links: 1
...
```

❶ 為 *myfile* 建立一個硬性連結。

❷ 為同一個檔案再另建一個軟性連結（注意選項 -s）。

❸ 列出檔案。注意不同的檔案類型、以及描寫檔案名稱時的差異。我們也可以改用 ls -ali *alias，來凸顯硬性連結的來源與目的之間其實共用的是同樣的 inode。

❹ 顯示硬性連結的檔案細節。

❺ 顯示軟性連結的檔案細節。

現在你已經對檔案系統的術語有所認識了，我們來看看 Linux 是如何將所有資源都視為檔案來處理的。

虛擬檔案系統

Linux 是透過一個名為虛擬檔案系統（virtual file system, VFS）的抽象層，藉以為多種不同的資源（包括位在記憶體內的、本地掛載的、或是網路連接的儲存裝置），提供近似檔案的存取方式。其基本概念就是在用戶端（syscalls）和各種檔案系統實作出來的實體裝置、或其他資源的操作方式之間引進一個間接層。亦即 VFS 將一般性的操作（開啟、讀取、搜尋）等動作和真正實作的細節區隔開來。

VFS 其實是核心的一個抽象層，它根據一切皆檔案的典範概念，對用戶端提供了通用的資源存取方式。在 Linux 裡，一個檔案不會有任何既定的架構；它就只是一個由位元組構成的串流。由用戶端自行判斷這些位元組的涵義為何。如圖 5-1 所示，VFS 將以下各種不同檔案系統的存取都予以抽象化：

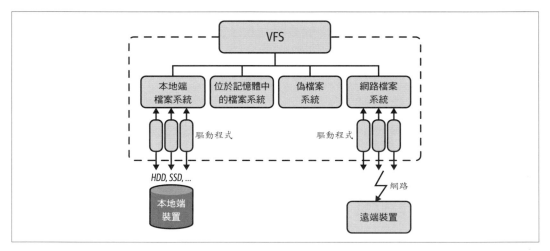

圖 5-1　Linux 的 VFS 概覽

本地端檔案系統，如 ext3、XFS、FAT 和 NTFS

這些檔案系統都透過驅動程式來存取本機的區塊裝置，像是傳統機械式硬碟或固態硬碟等等。

例如 tmpfs 這種位於記憶體中的檔案系統，其背後並非真正的儲存裝置，而是只存在於主記憶體中（RAM）

第 118 頁的「尋常檔案」小節會介紹本機及記憶體檔案系統。

如同第 113 頁「偽檔案系統」小節介紹 procfs 之類的偽檔案系統

這類檔案系統天生就只存在於記憶體當中。它們是核心將裝置抽象化的介面。

網路檔案系統，像是 NFS、Samba、Netware（古早以前的 Novell）等等

這類檔案系統也必須透過驅動程式協助；只不過資料所在的儲存裝置並非掛載在本機上、而是位於遠端。亦即驅動程式還必須涉及網路操作。因此我們會等到第七章再進一步介紹它。

要說明 VFS 的構成並非易事。與檔案有關的 syscall 超過百種；但是在它的中心處，其操作可以大致分成幾個類別，如表 5-2 所示。

表 5-2　構成 VFS 介面的 syscall 精選

類別	syscall 範例
Inodes	chmod, chown, stat
Files	open, close, seek, truncate, read, write
Directories	chdir, getcwd, link, unlink, rename, symlink
Filesystems	mount, flush, chroot
Others	mmap, poll, sync, flock

許多 VFS 的 syscall 其實都延伸至特定的檔案系統實作。而其餘的 syscall 則有 VFS 自己預設的實作方式。此外 Linux 核心也定義了相關的 VFS 資料結構如下：（請參閱 *include/linux/fs.h*[3]）

inode

檔案系統的核心物件，其中含有類型、所有權、權限、連結、通往真正含有資料區塊的指標、以及建置與存取的統計資料等等

file

代表一個開啟檔案（包括路徑、現在位置、以及 inode）

dentry（目錄項目）

儲存其上下層所含內容

3　*https://oreil.ly/Fkq8i*

super_block

　　代表檔案系統，包括掛載資訊

其他

　　包括 vfsmount 和 file_system_type 等等

大致看過 VFS 之後，我們要進一步仔細觀察，包括卷冊管理、檔案系統操作、以及常見的檔案系統佈局。

邏輯卷冊管理工具

我們先前已討論過如何以分割區來切分磁碟機。雖然並非絕對不可行，但分割區的使用仍有一定的難度，尤其是需要重劃大小的時候（亦即變更儲存空間大小）。

邏輯卷冊管理工具（logical volume manager, LVM）[4] 在實體裝置（例如硬碟或分割區）及檔案系統之間置入了一個中介層。如此一來便產生了一套新的配置方式，擴充時完全零風險、無須停機，而且藉由資源彙整（pooling of resources）的集中方式，得以自動延伸資源總量。LVM 的運作方式正如圖 5-2 所示，其關鍵概念如下述。

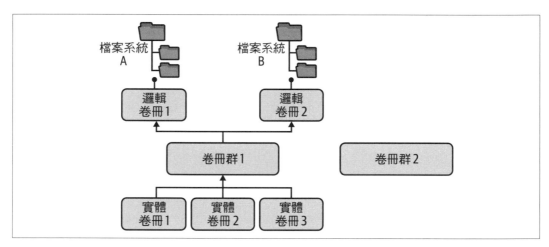

圖 5-2　Linux 的 LVM 概覽

4　譯註：LVM 的概念最早出自 IBM 的 AIX，後來也被 HP-UX 引進；Linux 的版本則源自 Heinz Mauelshagen 在 HP-UX 上開發的版本。

實體卷冊（*Physical volumes, PV*）

可以由磁碟分割區、整顆磁碟、以及其他裝置組成。

邏輯卷冊（*Logical volumes, LV*）

是從 VG 建置而成的區塊裝置。其概念相當於磁碟中的分割區。你必須先在 LV 上建立檔案系統，才能加以使用。但 LV 可以輕易地重訂容量，即使仍在使用中也無妨。

卷冊群（*Volume groups, VG*）

介於一組 PV 與 LV 之間。你可以把 VG 想像成一組提供儲存資源的 PV 集合（pool）。

若要以 LVM 管理卷冊，需要用到多種工具；但它們的命名方式其實相當一致，很容易看出其用途：

PV 管理工具

- lvmdiskscan
- pvdisplay
- pvcreate
- pvscan

VG 管理工具

- vgs
- vgdisplay
- vgcreate
- vgextend

LV 管理工具

- lvs
- lvscan
- lvcreate

現在我們用一個實際的配置來觀察 LVM 命令的使用：

```
$ sudo lvscan ❶
  ACTIVE            '/dev/elementary-vg/root' [<222.10 GiB] inherit
  ACTIVE            '/dev/elementary-vg/swap_1' [976.00 MiB] inherit

$ sudo vgs ❷
```

```
VG             #PV #LV #SN Attr   VSize   VFree
elementary-vg   1   2   0 wz--n- <223.07g 16.00m

$ sudo pvdisplay ❸
--- Physical volume ---
PV Name               /dev/sda2
VG Name               elementary-vg
PV Size               <223.07 GiB / not usable 3.00 MiB
Allocatable           yes
PE Size               4.00 MiB
Total PE              57105
Free PE               4
Allocated PE          57101
PV UUID               2OrEfB-77zU-jun3-a0XC-QiJH-erDP-1ujfAM
```

❶ 列出邏輯卷冊；這裡顯然有兩個邏輯卷冊（root 和 swap_1），均屬於卷冊群 *elementary-vg*。

❷ 顯示卷冊群；這裡只有一個卷冊群，就是 *elementary-vg*。

❸ 顯示實體卷冊；這裡也只有一個實體卷冊（*/dev/sda2*），被完全分配給卷冊群 *elementary-vg*。

無論你使用的是分割區還是 LV，都還需要另外兩個步驟，檔案系統才能真正使用，接下來就介紹他們。

檔案系統的操作

在以下的小節裡，我們要說明如何在一個分割區或邏輯卷冊（事先已用 LVM 建立）上建立檔案系統。這涉及兩個步驟：首先是建立檔案系統（在其他非 Linux 的作業系統上，這個動作又被稱為格式化（*formatting*）），接著便是將檔案系統掛載起來，或者說是將其植入到檔案系統樹當中。

建立檔案系統

檔案系統要先經過建置，才能供我們使用。也就是說，你必須逐一指定構成檔案系統所需的各項管理資訊，並將分割區或卷冊作為建置目標。如果你不確定如何取得分割區或卷冊資訊做為建置檔案系統的命令所需的輸入引數，請參閱表 5-1，然後利用 mkfs 來建立檔案系統。

mkfs 命令需要兩項主要引數：一是你要建立的檔案系統類型（請參閱第 118 頁「常見的檔案系統」中所列的選項）；二是你要建立檔案系統所在的裝置（例如某個邏輯卷冊）：

```
mkfs -t ext4 \ ❶
    /dev/some_vg/some_lv ❷
```

❶ 建立 ext4 類型的檔案系統。

❷ 在邏輯卷冊 */dev/some_vg/some_lv* 上建立檔案系統。

如以上命令所示，建立檔案系統的動作並不複雜，因此你要確認的主要還是要使用何種類型的檔案系統。

一旦你以 mkfs 建立了檔案系統，就可以把它放到檔案系統樹中開放使用。

掛載檔案系統

掛載檔案系統其實就是把它附加到既有的檔案系統樹當中（根部位於 /）。請利用 mount 命令來附掛檔案系統。mount 也一樣需要兩個主要輸入：一是你要掛載的裝置、二是你要掛載在檔案系統樹中的位置。此外，你還可以加上其他的引數輸入，像是掛載時的唯讀選項（經由參數 -o 引入）、以及透過 --bind 進行的 bind mounts，將目錄掛載至檔案系統樹當中。等到討論容器時，我們會再次看到後面這個選項。

也可以只使用 mount 命令不加任何引數。這樣會列出既有的掛載內容：

```
$ mount -t ext4,tmpfs ❶
tmpfs on /run type tmpfs (rw,nosuid,noexec,relatime,size=797596k,mode=755)
/dev/mapper/elementary--vg-root on / type ext4 (rw,relatime,errors=remount-ro) ❷
tmpfs on /dev/shm type tmpfs (rw,nosuid,nodev)
tmpfs on /run/lock type tmpfs (rw,nosuid,nodev,noexec,relatime,size=5120k)
tmpfs on /sys/fs/cgroup type tmpfs (ro,nosuid,nodev,noexec,mode=755)
```

❶ 列出已掛載內容，但只顯示指定的檔案系統類型（這裡指定的是 ext4 和 tmpfs）。

❷ 一個掛載的範例：LVM 的 VG，名稱是 */dev/mapper/elementary--vg-root*，其類型是 ext4，掛載在根目錄下。

在掛載檔案系統時，你必須確認自己所訂的類型確實與掛載磁碟中的檔案系統類型相符。舉例來說，如果你嘗試用 mount -t vfat /dev/sdX2 /media 這段命令掛載一片 SD 記憶卡，就該確認 SD 記憶卡是否已經格式化成為 vfat。抑或是用 mount -a 這個選項，讓它自行嘗試所有的檔案系統類型，直到它自己找出可用的檔案系統類型為止。

還有，只有當系統在運作時，掛載動作才會有效，因此為了讓它持續掛載，就必須靠 fstab 檔案（*/etc/fstab*）（ *https://oreil.ly/zoSE1* ）。舉例來說，以下是筆者自己的 fstab 檔案（輸出已經稍微精簡過以便閱覽）：

```
$ cat /etc/fstab
# /etc/fstab: static file system information.
#
# Use 'blkid' to print the universally unique identifier for a
# device; this may be used with UUID= as a more robust way to name devices
# that works even if disks are added and removed. See fstab(5).
#
# <file system> <mount point> <type> <options> <dump> <pass>
/dev/mapper/elementary--vg-root / ext4 errors=remount-ro 0 1
# /boot/efi was on /dev/sda1 during installation
UUID=2A11-27C0   /boot/efi vfat umask=0077 0 1
/dev/mapper/elementary--vg-swap_1 none swap sw 0 0
```

現在你已經知道如何管理分割區、卷冊與檔案系統了。接下來，我們要檢視常見的檔案系統安排方式。

常見的檔案系統佈局

一旦你的檔案系統就位，接下來的挑戰就是如何安排它的內容。你需要安排的事情包括程式要存放在何處，還有設定用的資料、系統本身的資料、以及使用者的資料也是如此。像這樣安排目錄的組織架構及其內容，就是所謂的**檔案系統佈局**（*filesystem layout*）。這種佈局有個正式的稱呼，亦即檔案系統層級標準（Filesystem Hierarchy Standard, FHS）。它定義了目錄的架構及其應該含有的內容。Linux 基金會維護了一套 FHS，供各種 Linux 發行版做為參考起點。

雖說 FHS 背後的想法是值得稱道的，然而現實中你會發現各家 Linux 發行版的檔案佈局多少仍是各行其道。因此筆者鄭重建議大家先用 man hier 命令去了解你手邊 Linux 系統的設置方式。

為了讓讀者們可以概略地了解，自己可能會看到哪些頂層目錄，筆者用表 5-3 整理了一份常見目錄的清單。

表 5-3　常見頂層目錄

目錄	用途
bin、*sbin*	系統程式和命令（常會連結到 */usr/bin* 和 */usr/sbin*）
boot	核心映像檔和相關元件
dev	裝置（終端機、磁碟等等）
etc	系統組態檔
home	使用者家目錄
lib	系統共用程式庫

目錄	用途
mnt、*media*	可攜式媒體的掛載點（例如 USB 隨身碟）
opt	依發行版而定；可以存放套件管理檔案
proc、*sys*	核心介面；請參閱第 113 頁的「偽檔案系統」
tmp	暫存檔所在地
usr	使用者的程式（通常是唯讀）
var	供使用者程式使用（日誌、備份、網路快取等等）

現在我們可以繼續介紹另一個特殊檔案系統了。

偽檔案系統

要將資訊加以結構化安排、同時便於存取，檔案系統是絕佳的辦法。現在你應該已經對 Linux 這句格言「一切皆檔案」深有體會了。在 106 頁的「虛擬檔案系統」一節中，我們已經看過 Linux 是如何透過 VFS 提供一致的檔案系統操作與管理介面。接下來，我們要進一步觀察，如果實作 VFS 的對象並非區塊裝置時（區塊裝置係指 SD 記憶卡或 SSD），這個介面是如何提供的。

這時便輪到偽檔案系統登場了：它們只有外觀看起來神似檔案系統，以便讓我們可以用尋常的命令（ls、cd、cat 等等）操作它們，但它們其實只是經過包裝的核心介面。這個介面涵蓋多種事物，包括：

- 一個程序的相關資訊
- 與裝置的互動介面，例如鍵盤
- 例如特殊裝置之類的工具，讓你可以用來當作資料來源或去處

讓我們仔細觀察 Linux 當中的三種主要偽檔案系統，先從最資深的開始講起。

procfs

Linux 承續 */proc* 這個源自於 UNIX 的檔案系統（procfs）。其原本的用途在於把核心中和程序有關的資訊在此公佈，以便讓其他系統命令（例如 ps 或 free）參照。它對於架構的規範著墨甚微，又允許讀寫，因此長年下來有許多事物皆在此處出沒。一般來說這裡可以看到兩種類型的資訊：

- 位於 */proc/PID/* 之下、所有程序各自的資訊。這裡都是核心提供關於程序的相關資訊,並以 PID 作為目錄名稱來分類配置。此處可以看得到的資訊詳情,都列在表 5-4 當中。

- 其他還包括像是掛載、網路相關資訊、TTY 驅動程式、記憶體資訊、系統版本及開機運作時間等各項資訊。

只需透過像是 cat 這樣簡單的命令,就可以取得每個程序中如同表 5-4 所列項目的內部資訊。注意大部分都是唯讀的;能否寫入則要看其下代表的資源而定。

表 5-4　procfs 中每個程序的資訊(此處僅擇要顯示)

項目	類型	資訊
attr	目錄	安全屬性
cgroup	檔案	控制群組
cmdline	檔案	命令列
cwd	連結	現行工作目錄
environ	檔案	環境變數
exe	連結	程序的執行檔
fd	目錄	檔案描述符
io	檔案	儲存 I/O(位元組 / 字元的讀寫)
limits	檔案	資源限制
mem	檔案	已使用記憶體
mounts	檔案	已使用的掛載
net	目錄	網路相關統計數字
stat	檔案	程序狀態
syscall	檔案	syscall 的使用
task	目錄	每一個任務(執行緒)的各自資訊
timers	檔案	計時資訊

如欲觀察以上資訊的實際狀況,我們不妨就來檢視某個程序的狀態。這裡我們選擇觀察 status、而不是 stat,因為後者的內容缺乏標示、不易肉眼判讀之故:

```
$ cat /proc/self/status | head -10 ❶
Name:   cat
Umask:  0002
State:  R (running) ❷
Tgid:   12011
Ngid:   0
Pid:    12011 ❸
PPid:   3421 ❹
```

```
TracerPid:     0
Uid:    1000    1000    1000    1000
Gid:    1000    1000    1000    1000
```

❶ 取得當下執行命令本身的程序狀態，並只顯示前 10 行。

❷ 目前的狀態（運行中，on-CPU）。

❸ 當前程序的 PID。

❹ 本命令所屬上層父程序的程序識別碼（process ID）；以上例而言便是指筆者執行 cat 時所在的 shell。

以下是另一個透過 procfs 觀察資訊的例子，這回我們以網路空間為例：

```
$ cat /proc/self/net/arp
IP address       HW type     Flags     HW address          Mask     Device
192.168.178.1    0x1         0x2       3c:a6:2f:8e:66:b3    *        wlp1s0
192.168.178.37   0x1         0x2       dc:54:d7:ef:90:9e    *        wlp1s0
```

如以上命令所示，我們透過特製的 */proc/self/net/arp* 取得了目前程序所知的 ARP 資訊。

如果你正在進行底層除錯動作、或是正在開發系統工具，procfs 是非常有用的工具。它有點混亂，因此你必須參酌核心文件，或乾脆參閱手邊的核心原始程式碼，從中理解每個檔案代表的意義、以及如何解讀其中的資訊。

接下來，我們要觀察另一種比較新穎、也比較井然有序的核心資訊介面。

sysfs

若說 procfs 是一片蠻荒地帶，那麼 */sys* 檔案系統（sysfs）就要算是 Linux 獨有的結構化方式，讓核心可以透過標準化的佈局格式，提供經過挑選的資訊（例如裝置）。

以下是若干 sysfs 底下的目錄：

block/

此目錄下有符號連結，通往開機後找到的區塊裝置。

bus/

此目錄下的每個子目錄都各自對應一種核心所支援的實體匯流排類型。

class/

此目錄中含有裝置的類別資訊。

dev/

此目錄下含有兩個子目錄：*block/* 為系統中的區塊裝置、而 *char/* 則為系統中的字元裝置使用，其格式一律為 `major-ID:minor-ID`。

devices/

此目錄下有核心提供的裝置樹資訊。

firmware/

你可以透過此一目錄管理與韌體有關的屬性。

fs/

此目錄中含有代表某些檔案系統的子目錄。

module/

此目錄下的子目錄分別代表核心所載入每一個模組。

`sysfs` 下還有很多子目錄，但其中部分較為新穎，需要有更完備的文件支援。你應該也會注意到，`sysfs` 底下有些資訊會跟 `procfs` 中的資訊雷同，但還是有些資訊（例如記憶體資訊）是只能在 `procfs` 中才能取得的。

來看看現實中的 `sysfs`（輸出已經過精簡）：

```
$ ls -al /sys/block/sda/ | head -7 ❶
total 0
drwxr-xr-x 11 root root    0 Sep  7 11:49 .
drwxr-xr-x  3 root root    0 Sep  7 11:49 ..
-r--r--r--  1 root root 4096 Sep  8 16:22 alignment_offset
lrwxrwxrwx  1 root root    0 Sep  7 11:51 bdi -> ../../../virtual/bdi/8:0 ❷
-r--r--r--  1 root root 4096 Sep  8 16:22 capability ❸
-r--r--r--  1 root root 4096 Sep  7 11:49 dev ❹
```

❶ 列出所有關於區塊裝置 `sda` 的資訊，但只列出前七行。

❷ `backing_dev_info` 的連結會以 `MAJOR:MINOR` 的格式顯示。

❸ 捕捉裝置的功能，例如它是否為可攜式媒體等等。

❹ 含有代表裝置的主要與次要數字（major and minor number，8:0）；這些數字的涵義，請參閱區塊裝置驅動程式的參考資料（*https://oreil.ly/DK9GT*）。

最後要觀察的小小偽檔案系統，是專供裝置使用的。

devfs

/dev 檔案系統（devfs）中含有裝置特殊檔案，其代表的裝置千奇百怪，從實體裝置到亂數產生器或僅供寫入的資料去處（data sink）。

經由 devfs 呈現及管理的裝置包括：

區塊裝置

處理以區塊為單位的資料，如儲存裝置（磁碟機）

字元裝置

以逐字元方式處理資料，例如終端機、鍵盤或是滑鼠

特殊裝置

可以產生資料或讓你得以操作，包括知名的黑洞裝置 */dev/null* 或是亂數產生器 */dev/random*

現在來看看現實中的 devfs。舉例來說，假設你想取得一個隨機字串，就可以這樣做：

```
tr -dc A-Za-z0-9 < /dev/urandom | head -c 42
```

以上命令會產生一個長度 42 個字元的隨機序列，其中混有大小寫字母和數字等字元。雖說 */dev/urandom* 看似一般檔案，我們因此將它當成一般檔案來操作，它其實代表的是一個特殊檔案，可以根據各種來源產生出隨機組合（或者說幾乎算是隨機）的輸出。

你會如何看待以下命令呢：

```
echo "something" > /dev/tty
```

沒錯！「something」這段字串會出現在你的螢幕上，這是經過設計的。*/dev/tty* 代表的正是終端機，而我們會藉著這個命令將某些事物（正好跟範例字串 something 巧合）送到終端機顯示。

對檔案系統及其功能有一定的認識之後，現在我們可以將注意力轉移到用來管理一般檔案（例如文件和資料檔案）的檔案系統上了。

尋常檔案

在這個小節裡，我們會著重在一般檔案、及這類檔案會用到的檔案系統上。大部分我們日常工作會接觸到的檔案，幾乎都屬於這一類：辦公室文件、YAML 和 JSON 組態檔案、影像檔（PNG、JPEG 等等）、程式原始碼、一般純文字檔案等等。

Linux 伴隨了豐富的選項。我們會專注在本機的檔案系統上，包括 Linux 原生的選項，以及其他作業系統（例如 Windows/DOS）上通用、而 Linux 也允許使用的選項。首先來看一些常見的檔案系統。

常見的檔案系統

所謂常見的檔案系統一詞，並無正式的定義。這只不過是對檔案系統的一個籠統的形容方式，指的可以是 Linux 發行版預設會用到的檔案系統，也可以是儲存裝置上廣為使用的檔案系統，像是可攜式裝置（USB 隨身碟和 SD 記憶卡）、或是 CD 和 DVD 等唯讀裝置之類。

筆者在表 5-5 中列舉了若干可於核心內支援的常見檔案系統，包括概覽及其間的比較。本節稍後還會更詳細檢視若干廣受愛用的檔案系統。

表 5-5　一般檔案專用的常見檔案系統

檔案系統	Linux 支援始於	檔案大小	卷冊大小	檔案數量	檔名長度
ext2 （*https://oreil.ly/cL9W7*）	1993	2 TB	32 TB	10^{18}	255 個字元
ext3 （*https://oreil.ly/IEnxW*）	2001	2 TB	32 TB	不一定	255 個字元
ext4 （*https://oreil.ly/482ku*）	2008	16 TB	1 EB	40 億	255 個字元
btrfs （*https://oreil.ly/gJQex*）	2009	16 EB	16 EB	2^{18}	255 個字元
XFS （*https://oreil.ly/5LHGl*）	2001	8 EB	8 EB	2^{64}	255 個字元
ZFS （*https://oreil.ly/HH1Lb*）	2006	16 EB	2^{128} Bytes	每個目錄 10^{14} 個檔案	255 個字元
NTFS	1997	16 TB	256 TB	2^{32}	255 個字元
vfat	1995	2 GB	N/A	每個目錄 2^{16} 個檔案	255 個字元

表 5-5 當中的資訊只是要讓讀者們對這些檔案系統有個概略的認知。有時候也很難指出某一檔案系統被正式視為 Linux 一部分的確切年份；另外，有時必須在來龍去脈也一併被提及時，這些數值才有意義。舉例來說，理論上的限制和實作內容還是存在差異的。

現在我們可以仔細看看最廣為一般檔案使用的檔案系統了：

ext4（*https://oreil.ly/Ot9DI*）

這是一種廣為使用的檔案系統，如今許多發行版都以它作為預設檔案系統。它可以回溯相容其前身的 ext3，它與 ext3 一樣具備日誌功能（journaling），亦即它的一切異動都記錄在日誌當中，因此當最糟的情況發生時（如斷電），它可以迅速地復原。因此它是一般用途的最佳選擇。其使用方式請參閱 ext4 手冊[5]。

XFS（*https://oreil.ly/WzHIZ*）

同樣也是日誌檔案系統的一種，原本由視算科技（Silicon Graphics, SGI）在 1990 年代專為其繪圖工作站所設計，支援大型檔案及高速 I/O，如今仍可在紅帽系列的發行版中看到它。

ZFS（*https://oreil.ly/ApA2z*）

原本由昇陽微系統（Sun Microsystems）在 2001 年所開發，ZFS 結合了檔案系統與卷冊管理工具的功能。雖說如今亦有 OpenZFS 專案[6]在開放原始碼領域繼續發展，但外界對於它與 Linux 的整合性仍頗有疑慮。

FAT（*https://oreil.ly/sfUa3*）

這其實是 Linux 專用的一系列 FAT 檔案系統，其中以 vfat 最為常用。其主要用途在於方便與 Windows 系統之間的互動、以及相容內含 FAT 的可攜式媒體。但許多與卷冊有關的原生考量都無法適用於此種檔案系統。

磁碟並非唯一可以用來儲存資料的場所，因此我們接著要來研究一下位於記憶體中的選項。

5　*https://oreil.ly/9kSXn*

6　*https://oreil.ly/7itzs*

位於記憶體中的檔案系統

目前有好幾種位於記憶體中的檔案系統可供使用；有些屬於一般用途、其他則各有特殊用途。以下我們列舉若干使用較為廣泛的記憶體內檔案系統（依字母順序陳列）：

debugfs（*https://oreil.ly/j30dd*）

　　這是一種特殊用途的檔案系統，經常用於除錯上；通常會經由 mount -t debugfs none /sys/kernel/debug 這樣的命令掛載。

loopfs（*https://oreil.ly/jZi4I*）

　　允許將檔案系統對應至區塊而非裝置上。其背景請參閱郵件清單（*https://oreil.ly/kMZ7j*）。

pipefs

　　一種掛載到管線（pipe）上的特殊（偽）檔案系統：可作為管線使用。

sockfs

　　另一種特殊的（偽）檔案系統，它可以把網路 socket 視為檔案，位於 syscalls 與 sockets 之間（*https://oreil.ly/ANDjr*）。

swapfs（*https://oreil.ly/g1WsU*）

　　專門用於達成記憶體置換功能（不可用於一般掛載）。

tmpfs（*https://oreil.ly/ICkgj*）

　　這是一種專門用來將檔案資料保存在核心的快取區當中的檔案系統。它的速度飛快，但無法持續存留（電源一關閉便意味著資料消失）。

現在我們要繼續介紹一種特殊類別的檔案系統，它與 143 頁的「容器」尤其有關係。

寫入時複製的檔案系統

寫入時複製（copy-on-write, CoW）是一種可以提升 I/O 速度、同時又消耗較少空間的巧妙概念。其運作方式如同圖 5-3 所描繪，以下會加以說明。

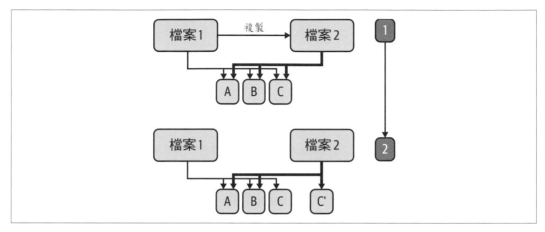

圖 5-3　現實中的 CoW 原理

1. 原本的檔案 File 1 係由區塊 A、B 與 C 組成，我們將它複製成為另一個名為 File 2 的檔案。這時我們並不會複製一組一模一樣的區塊，而是只把區塊的中介資料（metadata，亦即指向實際區塊的指標們）複製一份。這種方式要快上許多，而且不會消耗更多空間，因為只需用到中介資料所需的少許空間。

2. 一旦 File 2 被修改（假設說是區塊 C 中有內容被更動好了），於是就只有此一區塊會被複製：另一個名為 C′ 的新區塊會因而建立，而 File 2 則依舊指向（或者說共用）剩下未曾異動的區塊們，但是它現在會以新區塊（C′）來負責容納新資料。

在我們談實作之前，需要再了解第二個相關的概念：就是 union mounts。這是一種可以將多個目錄組合（或掛載）到單一位置的概念，因此對於使用者來說，最終所形成的目錄看起來就像是包含了所有參與目錄的內容總合（或者說就像聯集一樣）。在 union mounts 中，你會經常看到上層檔案系統（*upper filesystem*）和下層檔案系統（*lower filesystem*）等說法，它們隱喻了掛載的分層順序。詳情可參閱「Unifying Filesystems with Union Mounts[7]」一文。

7　*https://oreil.ly/yqV9H*

union mounts 的魔鬼都藏在細節裡。你必須針對同時存在多處的檔案、或是針對檔案的寫入或移動等狀況制定規範,明確指出它們的動作方式。

我們很快地檢視一下,在 Linux 檔案系統上所實作的 CoW 動作。等到第六章探討如何以 CoW 檔案系統作為容器映像檔建置區塊的用途時,還會再仔細檢視其中的部分內容。

Unionfs(*https://oreil.ly/rWKZO*)

原本由紐約州立大學石溪分校所研發,Unionfs 實作了 CoW 檔案系統的 union mount 動作。它允許你在掛載時透過優先性指定,不著痕跡地從不同的檔案系統疊加檔案和目錄。它在 CD-ROM 和 DVD 的使用上十分受歡迎。

OverlayFS(*https://oreil.ly/5HzmC*)

2009 年,Linux 初次實作的 union mount 檔案系統登場,隨後在 2014 年正式成為核心的功能。在 OverlayFS 裡,只要檔案一經開啟,所有的操作便直接由背後的(上層或下層)檔案系統直接處理。

AUFS(*https://oreil.ly/kdjge*)

這是另一項關於在核心內實作 union mount 的嘗試,AUFS(這是先進多層次統一檔案系統(advanced multilayered unification filesystem)的縮寫;原本又稱為 AnotherUnionFS)尚未成為核心的一部分。它是 Docker 的預設方式(請參閱 150 頁的「Docker」小節;如今的 Docker 則是透過儲存驅動程式 overlay2 來預設使用 OverlayFS)。

btrfs(*https://oreil.ly/z1uxq*)

這是所謂 b-tree 檔案系統的縮寫(發音念成 *butterFS* 或是 *betters*),btrfs 是一款原本由甲骨文公司設計的 CoW。如今有許多業者都對 btrfs 的開發做出了貢獻,其中包括臉書、英特爾、SUSE 和 Red Hat 等等。

它具備多種功能,像是快照(適於軟體式 RAID)和自動偵測靜態資料損毀等等。這使得 btrfs 十分適用於專業環境,如伺服器。

結論

在本章當中，我們探討了 Linux 中的檔案與檔案系統。檔案系統透過階層化的方式來安排資訊的存取，是極富彈性的絕佳方式。Linux 上有許多與檔案系統有關的技術與專案。其中有些屬於開放原始碼，但也有許多是商業產品。

我們討論了基本建構區塊，從磁碟、分割區到卷冊。Linux 以 VFS 來實現所謂「一切皆檔案」的抽象化概念，因此它幾乎可以支援任何檔案系統，不論本地端或遠端皆然。

核心也利用像是 */proc* 和 */sys* 之類的偽檔案系統來提供關於程序及裝置的資訊。你可以輕易操作這些（位於記憶體中的）檔案系統，因為它們呈現核心 API 的方式，就像是 ext4 這般的檔案系統一樣（後者用來儲存檔案）。

然後我們也介紹了一般的檔案與檔案系統，並比較了常見的本地端檔案系統選項，此外又介紹了位於記憶體中的檔案系統和 CoW 檔案系統的基礎。Linux 對檔案系統的支援十分完備，它允許你使用（或至少可以讀取）多種檔案系統，甚至包括源自於其他作業系統（例如 Windows）的外來檔案系統。

以下資源有助於讓你進一步鑽研本章談過的各項題材：

基礎

- 「UNIX File Systems: How UNIX Organizes and Accesses Files on Disk」（*https://oreil. ly/8a3Zr*）

- 「KHB: A Filesystems Reading List」（*https://oreil.ly/aFqjg*）

VFS

- 「Overview of the Linux Virtual File System」（*https://oreil.ly/pnvQ4*）

- 「Introduction to the Linux Virtual Filesystem (VFS)」（*https://oreil.ly/sqSHK*）

- 「LVM」on ArchWiki（*https://oreil.ly/kOfU1*）

- 「LVM2 Resource Page」（*https://oreil.ly/Ds7me*）

- 「How to Use GUI LVM Tools」（*https://oreil.ly/UTFpL*）

- 「Linux Filesystem Hierarchy」（*https://oreil.ly/osXbo*）

- 「Persistent BPF Objects」（*https://oreil.ly/sFdVo*）

尋常檔案

- 「Filesystem Efficiency—Comparison of EXT4, XFS, BTRFS, and ZFS」 thread on reddit
（*https://oreil.ly/Y3rAh*）

- 「Linux Filesystem Performance Tests」（*https://oreil.ly/ZrPci*）

- 「Comparison of File Systems for an SSD」 thread on Linux.org（*https://oreil.ly/DBboM*）

- 「Kernel Korner—Unionfs: Bringing Filesystems Together」（*https://oreil.ly/Odkls*）

- 「Getting Started with btrfs for Linux」（*https://oreil.ly/TLylF*）

了解了檔案系統以後，現在我們可以將觀念派上用場，轉而鑽研應用程式的管理和啟動了。

## 第六章

應用程式、套件管理與容器

本章要來談談 Linux 裡的應用程式。有時候應用程式一詞（*application*，有時也簡稱做 *app*），會與程式（*program*）、二進位檔（*binary*）、或是可執行檔（*executable*）等名詞混用。我們會一一說明這些名詞之間的差異，並先專注在術語的定義上，包括應用程式和套件等等。

首先，會探討 Linux 如何啟動、並實現所有我們所需的服務。這便是大家所熟知的開機過程（*boot process*）。我們會著重在 init 系統上，特別是以實質標準 systemd 為主的生態系統。

接著會介紹套件管理，我們會先回顧應用程式供應鏈的一般涵義，並觀察其中各種不同的動態部件用途。接著為了讓讀者們對現有機制及挑戰能有所了解，我們會說明應用程式的傳統發行與安裝方式。同時也探討傳統 Linux 發行版裡的套件管理，從 Red Hat 到 Debian 系列的系統都會談到，同時也會介紹一些程式語言自身的套件管理，像是 Python 或 Rust 等等。

而本章的最後一個部分，會介紹容器：包括其內涵及運作方式。我們會檢視用來建構容器的區塊、你手邊會有的工具、以及使用容器該有的良好實務習慣。

本章的結尾會檢視 Linux 應用程式的現代化管理方式，尤其是針對桌面環境的部分。大多數現代的套件管理工具解決方案多少也會用到容器。

執行範例：greeter

為展示本章當中的特定技術，我們會用到一個名為 greeter 的執行範例。它是一支簡單的 shell 指令碼，會顯示我們提供的名字、或是在沒有名字時單純只顯示招呼語。

為方便後續研讀起見，請把以下 bash 指令碼內容立即貼到 *greeter.sh* 檔案裡。再用 chmod 750 greeter.sh 確保它可以執行（如果你已經忘記這是什麼，請回頭複習 89 頁的「檔案權限」一節）：

```
#!/usr/bin/env bash

set -o errexit
set -o errtrace
set -o pipefail

name="${1}"

if [ -z "$name" ]
then
  printf "You are awesome!\n"
else
  printf "Hello %s, you are awesome!\n" ${name}
fi
```

現在事不宜遲，我們馬上來看看何為應用程式、以及還有哪些相關的術語。

基礎

在開始深入關於應用程式管理、init 系統及容器的細節之前，我們要先提及一些與本章及稍後篇幅內容相關的定義。至於為何直到現在才談及應用程式的相關細節，原因是其中需要先具備若干預備知識（像是 Linux 核心、shell、檔案系統、以及安全方面的知識），才能完全理解 Linux 中的應用程式，而現在我們已經獲得前幾章學到的知識，可以用來建立應用程式的概念了：

程式

通常指一個可以讓 Linux 載入至記憶體並執行的二進位檔案、或是一支 shell 指令碼。另一種說法是稱之為**可執行檔**（*executable*）。而可執行檔的類型會決定它應如何執行，例如 shell（請參閱 38 頁的「Shells」一節）就會解譯並執行 shell 指令碼。

程序

一個基於程式的運行實體，它會載入至主記憶體，並在沒有休眠的狀態下使用 CPU 或 I/O。請參閱第三章及第 19 頁的「程序管理」一節。

Daemon

這是 *daemon process* 的簡稱，有時也稱為*服務*（*service*），其實就是一個在背景執行的程序，專門為其他程序提供特定功能。舉例來說，印表機 daemon 便可讓你進行列印。其他還有一些 daemons 會專門提供網頁服務、日誌紀錄、校時、以及許多你在日常運作上需要仰賴的公用工具。

應用程式

一個同時包含其依存內容的程式。通常會有一支包含使用者介面的主要程式。*應用程式*（*application*）一詞通常牽涉到程式的完整生命週期、設定組態、以及其中的資料：從尋找、安裝、到升級和移除都涵蓋在內。

套件

這是一個包含了程式及其組態的的檔案；通常用來發行應用程式軟體。

套件管理工具

這是一個可以將套件當成輸入內容、並依據套件內容和使用者指令，將套件加以安裝、升級、或是從 Linux 環境移除套件的程式。

供應鏈

這是由軟體製造商和發行商組成的集合，讓你可以用套件的形式尋找和使用應用程式；詳情請參閱 135 頁的「Linux 應用程式供應鏈」一節。

開機

泛指 Linux 的啟動順序，其中涉及硬體與作業系統的起始步驟，包括載入核心、啟動服務（或者說是 daemon）用的程式，其目的在於讓 Linux 進入可以使用的狀態；詳情請參閱 128 頁的「Linux 的啟動過程」一節。

理解這些高階的定義之後，我們才真正算是可以從頭開始：先來看看 Linux 如何啟動、以及所有的 daemon 如何執行起來，讓我們可以真正地用 Linux 來工作。

Linux 的啟動過程

Linux 的開機過程[1] 是一個典型的多步驟程序，其中硬體與核心必須通力合作。

在圖 6-1 中，大家可以看到自始至終的開機過程，由以下五個步驟構成：

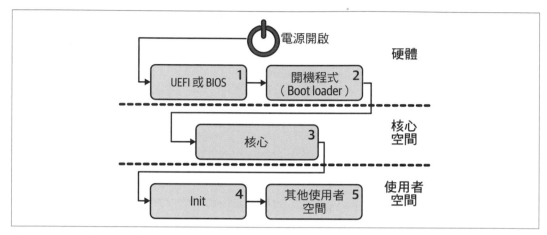

圖 6-1　Linux 的啟動過程

1. 在現代化的環境中，統一延伸韌體介面（Unified Extensible Firmware Interface, UEFI）（*https://uefi.org*）規格定義了開機的設定（儲存在 NVRAM 裡）和開機程式（boot loader）。而較老式的系統的方式則是在開機自我測試（Power On Self Test, POST）完成後，由基礎 I/O 系統（Basic I/O System, BIOS；請參閱 16 頁的「BIOS 與 UEFI」說明）接手啟動硬體（管理 I/O 埠和硬體中斷等等）、再將控制權轉交給開機程式。

2. 開機程式只有一個目標：引導核心載入。開機動作的細節會因開機媒介的不同而略有出入。開機程式的選項甚眾，包括現行的（例如 GRUB 2、systemd-boot、SYSLINUX、rEFInd 等等）、以及傳統的（例如 LILO、GRUB 1 之類）。

3. 核心通常位於 /boot 目錄之下，以壓縮檔的形式存在。亦即第一步就是要將核心解壓縮才能載入到主記憶體中。一旦啟動了核心中的子系統、檔案系統和驅動程式之後（如第二章和 111 頁「掛載檔案系統」一節所述），核心便會把控制權再交給 init 系統，以便完成開機過程。

1　*https://oreil.ly/fbnk3*

4. 所謂 init 系統，負責的是啟動系統中所有的 daemons（服務程序）。init 程序既是整個階層式程序結構的根部，其 process ID（PID）理所當然就是 1。換句話說，PID 1 這個程序會一直執行到系統關閉電源為止。除了負責啟動其他 daemons 以外，傳統上 PID 1 這個程序還會看管已被遺棄的程序（orphaned processes，意指已經沒有母程序的孤兒）。

5. 在這之後通常還會有其他使用者空間的啟動動作，有哪些動作則端看你的使用環境而定：

   - 通常會有終端機、環境和 shell 等動作，如第三章所述。

   - 顯示管理工具（display manager）、繪圖伺服程式（graphical server）等等，這些是為了具備圖形使用介面（GUI）的桌面環境而啟動的，它會一併考量使用者偏好和組態。

對 Linux 的啟動過程有了概括的理解後，我們可以結束這個介紹的部分，轉而專注在面向使用者的關鍵部分：也就是 init 系統。這個部分（亦即上述開機過程的步驟 4 與 5）是與各位最密切相關的，透過本書內容，你可以自訂並延伸自己安裝的 Linux 樣貌。

Gentoo wiki 中有一份十分出色的 init 系統比較[2]。但我們只探討 systemd，因為幾乎現在所有 Linux 發行版都採用這套系統[3]。

System V 的 Init

System V 風格的 init 程式[4]（或者簡稱 *SysV init*）是 Linux 傳統上使用的 init 系統。Linux 從 Unix 繼承了 SysV 的作風，後者定義了所謂的**執行級別**（*runlevels*，請回想這些系統狀態：halt、single-user、multi-user 模式或 GUI 模式），並將相關設定集中在 */etc/init.d* 底下。但是它採用循序啟動 daemons 的作法、以及各家發行版自訂的設定處理方式，使得它的可攜性不佳。

另外，還有一件軼聞：本書審閱者之一的 Chris Negus，正是最早在 1984 年時便為 SysV init 撰寫說明文件的前輩（據說當時的工程師只花了一個週末的時間便完成了設計）。

---

2 *https://oreil.ly/Vn6pu*
3 譯註：Gentoo Linux 和 Slackware 便是少數兩個不使用 systemd 取代 System V init 的知名發行版。
4 *https://oreil.ly/ho4eI*

systemd

systemd（*https://systemd.io*）原本只是要取代 initd、做為 init 系統使用，但如今它已演變成強大的主管介面，其功能橫跨日誌紀錄、網路組態、以及網路同步對時等等。它以彈性化、可攜的方式定義 daemons 及其間的依存關係，並提供了統一的組態控制介面。

幾乎當今所有的 Linux 發行版都採用了 systemd，Fedora 從 2011 年五月便率先引進，openSUSE 則在 2012 年 9 月跟進，接著在 2014 年，陸續有 CentOS 在 4 月、RHEL 在 6 月、SUSE Linux 在 10 月接連採用，Debian 體系則較晚，它和近親 Ubuntu 在 2015 年 4 月才採用。

systemd 特別針對了以往 init 系統的缺點做了改進，包括：

- 在各家發行版之間提供一致的方式來管理啟動
- 實作出更快速、更完善的服務設定方式
- 提供現代化的管理套件，包括監控、資源使用控制（透過 cgroups）及內建的稽核功能

此外，以往的 init 在啟動服務時都是依序進行的（亦即按照服務名稱字母順序），但 systemd 可以按照依存性符合與否來啟動任何服務，如此便有機會縮短開機時間。

我們在指揮 systemd 的執行內容、執行時間和執行方式時，都是透過單元（units）來進行的。

Units

在 systemd 裡，所謂的單元（units）是一種邏輯分組，其語意端看它的功能和目標的資源而定。systemd 會依照目標的資源來區分各式各樣的單元：

service *units*

　　描述如何管理某一項服務或應用程式

target *units*

　　捕捉依存關係

mount *units*

　　定義掛載點

timer *units*

定義 cron 作業或類似功能所需的計時器

其他還有一些較不重要的單元類型，包括：

socket

描述網路或 IPC socket

device

專為 udev 或 sysfs 檔案系統使用

automount

設定自動掛載點

swap

描述置換空間（swap space）

path

按照路徑啟用（path-based activation）時會用到

snapshot

允許在變動後重現系統當下狀態

slice

與 cgroups 有關（請參閱第 147 頁的「Linux 的 cgroups」）

scope

管理外部建立的系統程序集

要讓 systemd 認得一個單元，就必須把這個單元編排（serialized）成檔案。systemd 會在多個位置尋找單元檔案。最重要的三個檔案路徑如下：

/lib/systemd/system

經由套件安裝的單元

/etc/systemd/system

經由系統管理員設定的單元

/run/systemd/system

　　非永久存在的執行期間修訂內容

一旦在 systemd 中定義了基本工作單元（碰巧都叫單元），我們就可以看看該如何在命令列中控制它們了。

以 systemctl 進行管理

你要用來與 systemd 互動、進而管理服務的工具，是 systemctl。

筆者在表 6-1 中整理了常用的 systemctl 命令清單。

表 6-1　好用的 systemd 命令

命令	用法
systemctl enable XXXXX.service	啟用服務；讓它準備可以啟動
systemctl daemon-reload	重新載入所有的單元檔案、並重建整個相依關係樹
systemctl start XXXXX.service	啟動服務
systemctl stop XXXXX.service	停止服務
systemctl restart XXXXX.service	先停止再啟動服務
systemctl reload XXXXX.service	對服務發出重新載入命令；如果失敗便直接重啟（restart）服務
systemctl kill XXXXX.service	中斷服務執行
systemctl status XXXXX.service	取得服務狀態的簡短摘要，包括部分日誌檔內容

注意 systemctl 提供的命令還不僅於此，它甚至還包括管理依存關係和要求控制整體系統用的命令（例如重新啟動）。

systemd 周邊系統還涵蓋其他眾多的命令列工具，其中有些非常方便，你應該要有所認識。包括以下幾項：

bootctl（*https://oreil.ly/WNKjd*）

　　允許檢查開機程式狀態，以及管理現有的開機程式。

timedatectl

　　讓你設定和檢視與時間及日期相關的資訊。

coredumpctl

讓你可以處理既存的核心傾印資料（core dumps）。當你要進行故障排除時，可考慮這個工具。

以 journalctl 進行監控

日誌（journal）是 systemd 的組件之一；技術上它其實是一個由 systemd-journald 這個 daemon 管理的二進位檔案，它為所有由 systemd 元件記錄的訊息提供了一個集中的去處。我們會在 212 頁的「journalctl」再詳細介紹它。各位現在只需知道，你可以靠這個工具來檢視 systemd 代管的日誌就夠了。

範例：排程執行 greeter

理論談夠了，我們來看看現實中的 systemd。讓我們用先前講過的 greeter 應用程式來擔任簡單的示範案例（請參閱 126 頁的「執行範例：greeter」），每小時執行它一次。

首先我們要定義一個 systemd 的單元檔案，其類型為 service。這會讓 systemd 知道如何啟動 greeter 應用程式；將以下內容存入名為 *greeter.service* 的檔案（放在任何目錄下均可，這只是暫時的）：

```
[Unit]
Description=My Greeting Service ❶

[Service]
Type=oneshot
ExecStart=/home/mh9/greeter.sh ❷
```

❶ 描述此項服務，當我們執行 systemctl status 時便會顯示此處的資訊

❷ 我們的應用程式所在位置

接著我們定義一個 unit 單元，令其每小時啟動一次 greeter 服務。將以下內容存入 *greeter.timer* 檔案：

```
[Unit]
Description=Runs Greeting service at the top of the hour

[Timer]
OnCalendar=hourly ❶
```

❶ 利用 systemd 的時間與日期格式定義一個排程（*https://oreil.ly/pinVc*）

現在把兩個單元檔案複製到 */run/systemd/system* 底下，讓 systemd 能認得它們：

```
$ sudo ls -al /run/systemd/system/
total 8
drwxr-xr-x  2 root root  80 Sep 12 13:08 .
drwxr-xr-x 21 root root 500 Sep 12 13:09 ..
-rw-r--r--  1 root root 117 Sep 12 13:08 greeter.service
-rw-r--r--  1 root root 107 Sep 12 13:08 greeter.timer
```

現在我們可以使用 greeter timer 了，因為一旦我們將檔案複製到這個位置，systemd 就會自動將它們撿起來處理。

 例如 Ubuntu 這類 Debian 體系的系統，預設會啟用（enable）和啟動（start）所有的服務單元。但 Red Hat 體系的系統卻只有在你明確地加上 `systemctl start greeter.timer` 這一條命令時，才會啟動服務。若要在開機時啟用服務也是如此，Debian 體系的發行版預設會將服務啟用，但 Red Hat 的發行版則需要用 `systemctl enable` 啟用才會認帳。

來瞧瞧 greeter timer 的現況：

```
$ sudo systemctl status greeter.timer
● greeter.timer - Runs Greeting service at the top of the hour
  Loaded: loaded (/run/systemd/system/greeter.timer; static; \
  vendor preset: enabled)
  Active: active (waiting) since Sun 2021-09-12 13:10:35 IST; 2s ago
  Trigger: Sun 2021-09-12 14:00:00 IST; 49min left
Sep 12 13:10:35 starlite systemd[1]: \
Started Runs Greeting service at the top of the hour.
```

因此 systemd 已經確認它知道我們的小程式 greeter，也知道它需要排程執行。但你如何知道它確實曾經發生過作用？我們來看看日誌（注意以上輸出已經過精簡縮排，因此 stdout 的輸出是直接送往日誌的）：

```
$ journalctl -f -u greeter.service ❶
-- Logs begin at Sun 2021-01-24 14:36:30 GMT. --
Sep 12 14:00:01 starlite systemd[1]: Starting My Greeting Service...
Sep 12 14:00:01 starlite greeter.sh[21071]: You are awesome!
...
```

❶ 請用 journalctl 持續觀察（`-f`）*greeter.service* 單元的日誌（利用 `-u` 選取服務）

對於 systemd 有概括的了解後，我們可以繼續研究如何以通用套件管理工具的傳統方式管理應用程式了。但在開始鑽研套件相關技術之前，我們要稍微退後幾步，回頭以更為廣義的方式，也就是從供應鏈的角度，來探討應用程式、套件和套件管理工具。

Linux 應用程式供應鏈

讓我們從何謂供應鏈（*supply chain*）談起：所謂供應鏈，可以說是一個由組織和人員構成的系統，負責對消費者提供產品。雖說你平常對供應鏈無甚感受，但事實上，當你每天購買食物或為車子加油時，你就是在與供應鏈打交道。在我們探討的內容中，由軟體製品構成的應用程式便是產品，而你自己、或是使用某應用程式的人、乃至於管理應用程式的工具，都算是該產品的消費者。

圖 6-2 從概念上呈現了典型 Linux 應用程式供應鏈的各個要角和階段。

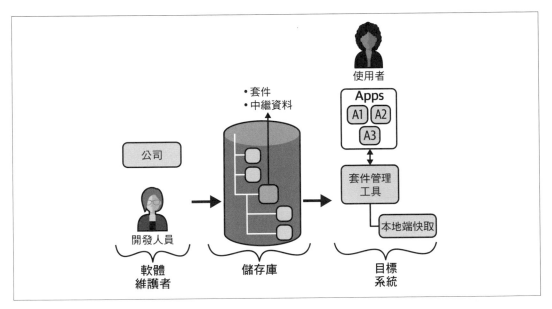

圖 6-2　Linux 應用程式的供應鏈

供應 Linux 應用程式的三大個別領域如下：

軟體維護人員

包括個別的開發人員、開放原始碼的專案、以及商業公司，像是獨立的軟體供應商（independent software vendors, ISVs）等等，他們都會製造軟體製品、並予以公開，例如將套件放到儲存庫（repo）中。

儲存庫（*Repository*）

此處會列出套件，其中含有全部或部分的應用程式、以及其中介資料。套件通常還會包含應用程式的依存關係。所謂依存關係，意指此處的應用程式必須仰賴其他套件才能運作。對方可以是程式庫、可以是某種 exporters 或 importers、或是其他的服務程式。要讓依存關係隨時保持在最新狀態，是件有相當難度的事。

工具（套件管理工具）

這種工具位在目的地的系統端，它會去尋找儲存庫中的套件，並依照人身使用者的指示，進行安裝、升級、甚至移除應用程式。注意，要呈現某一應用程式及其依存關係，有時需要一個以上的套件。

雖說各家發行版的細節各自有異，也會視環境而有所不同（像是伺服器與桌上型主機就不一樣），但是它們的應用程式供應鏈全都具備圖 6-2 中所顯示的元件。

套件和依存關係管理的選項甚多，像是傳統的套件管理工具、容器式解決方案、以及許多近期的新手法。

在圖 6-3 中，筆者試著提出一個概略的視野，而不強求以完整的圖例說明。

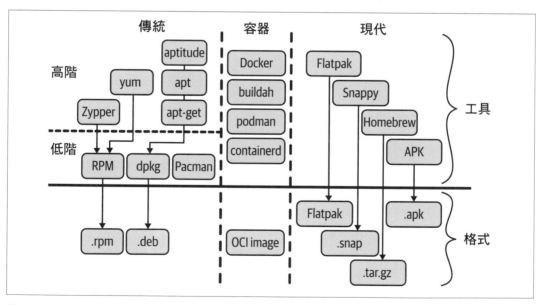

圖 6-3　Linux 套件管理工具與應用程式依存關係管理的關聯

這三種主要類別的套件和依存關係管理選項，各有一些重點應該注意：

傳統的套件管理工具

在這個類別中，我們通常會區分所謂低階和高階的工具。如果套件管理工具能夠解析依存關係、並提供高階介面（像是安裝、更新、移除），我們便稱其為高階的套件管理工具。

容器式解決方案

它起源於伺服器和雲端運算領域。它的功能之一（但不見得是主要功能）就是應用程式管理。換言之，身為開發人員，你會很愛容器的功能，因為它們讓你可以輕易地測試事物、並自然而然地將可以使用的應用程式發佈出來。請參閱 143 頁的「容器」小節。

現代化的套件管理工具

這類工具起源於桌面環境，其主要目標為儘量簡化終端使用者的操作，就能取得和使用應用程式。請參閱 156 頁的「現代化的套件管理工具」一節。

套件與套件管理工具

在這個小節裡，我們要介紹兩種已經使用很久（可能超過二十年）的套件格式和套件管理工具。它們泛指兩種主流的 Linux 發行版體系：Red Hat（包括 RHEL、Fedora、CentOS 等等），以及 Debian 系列的系統（Debian、Ubuntu 等等）。

與我們探討內容相關的兩個概念如下：

套件本身

技術上來說，就是一個壓縮檔，可能含有中介資料。

工具（亦即套件管理工具）

負責處理目標系統上的套件，包括安裝和維護應用程式。套件管理工具通常會代表你與儲存庫互動，並維護本地端的套件內容快取。

舉例來說，目標系統可以是你筆電裡的桌面環境、或是雲端的一個伺服器虛擬機執行實例。根據環境的不同，有些套件不見得適用，例如，GUI 應用程式就不見得非得用在伺服器上不可。

RPM 套件管理工具

RPM Package Manager（全名剛好與縮寫形成遞迴）最早是由 Red Hat 建立，但現已為多種發行版採用。.rpm 也是 Linux Standard Base 所採納的檔案格式，其中可以包含二進位或原始碼檔案。套件可以經過加密驗證，也支援以修補檔案進行差異式更新（delta updates）。

採用 RPM 的套件管理工具有：

yum（*https://oreil.ly/sPb2H*）

　　常見於 Amazon Linux、CentOS、Fedora 和 RHEL

DNF（*https://oreil.ly/0Pcod*）

　　常見於 CentOS、Fedora 和 RHEL

Zypper（*https://oreil.ly/OVize*）

　　用在 openSUSE 和 SUSE Linux Enterprise 當中

來看一個實際的 RPM 使用範例：假設我們有一個全新的開發者環境，想要用 yum 來安裝 Go 程式語言工具鏈。

注意，以下 shell 會談的輸出已經過精簡和縮排，以便適合頁面閱覽（其實輸出畫面有很多行文字，但跟我們了解其中運作並無太大關係）。

首先我們得找出 Go 需要的套件：

```
# yum search golang ❶
Loaded plugins: ovl, priorities
================== N/S matched: golang ==================
golang-bin.x86_64 : Golang core compiler tools
golang-docs.noarch : Golang compiler docs
...
golang-googlecode-net-devel.noarch : Supplementary Go networking libraries
golang-googlecode-sqlite-devel.x86_64 : Trivial sqlite3 binding for Go
```

❶ 搜尋 Go 的相關套件。注意提示的 # 字元，這代表我們是以 root 身份登入的。比較好的方式是改以一般使用者身份執行 sudo yum。

知道了套件資訊以後，可以像以下這樣安裝了：

```
# yum install golang ❶
Loaded plugins: ovl, priorities
```

```
Resolving Dependencies ❷
--> Running transaction check
---> Package golang.x86_64 0:1.15.14-1.amzn2.0.1 will be installed
--> Processing Dependency: golang-src = 1.15.14-1.amzn2.0.1 for package:
    golang-1.15.14-1.amzn2.0.1.x86_64
...
Transaction Summary
================================================================================
Install  1 Package (+101 Dependent packages)

Total download size: 183 M
Installed size: 624 M
Is this ok [y/d/N]: y ❸
Dependencies Resolved


================================================================================
 Package                   Arch      Version              Repository    Size
================================================================================
Installing:
 golang                    x86_64    1.15.14-1.amzn2.0.1  amzn2-core    705 k
Installing for dependencies:
 acl                       x86_64    2.2.51-14.amzn2      amzn2-core     82 k
 apr                       x86_64    1.6.3-5.amzn2.0.2    amzn2-core    118 k
 ...

  Verifying  : groff-base-1.22.2-8.amzn2.0.2.x86_64                    101/102
  Verifying  : perl-Text-ParseWords-3.29-4.amzn2.noarch               102/102

Installed: ❹
  golang.x86_64 0:1.15.14-1.amzn2.0.1

Dependency Installed:
  acl.x86_64 0:2.2.51-14.amzn2    apr.x86_64 0:1.6.3-5.amzn2.0.2
  ...

Complete!
```

❶ 安裝 Go 語言套件。

❷ yum 的第一步便是解析 Go 套件的依存關係。

❸ 這裡 yum 提出了它所發現的依存關係摘要,並告知它打算如何進行下一步。筆者必
   須以互動方式按下 y 以確認動作。然而若是在指令碼中,我可以改用 yum install
   golang -y 這個格式的命令,令其自動肯定答覆一切問題。

❹ 分析過依存關係、也安裝完主要套件之後,yum 回報安裝成功。

還有，我們得驗證一下套件，檢查我們安裝的確切內容、以及其安裝位置：

```
# yum info golang
Loaded plugins: ovl, priorities
Installed Packages
Name        : golang
Arch        : x86_64
Version     : 1.15.14
Release     : 1.amzn2.0.1
Size        : 7.8 M
Repo        : installed
From repo   : amzn2-core
Summary     : The Go Programming Language
URL         : http://golang.org/
License     : BSD and Public Domain
Description : The Go Programming Language.
```

接下來，我們可以著手觀察另一種廣為使用的套件管理工具了，它使用的是 Debian 套件。

Debian 的 deb

deb 套件和 *.deb* 檔案格式都源於 Debian 發行版。deb 套件也可以包含二進位檔或原始碼檔案。好幾種套件管理工具都使用 deb，其中也包括低階的、無法執行依存關係管理的 dpkg，以及高階的 apt-get、apt 和 aptitude。像 Ubuntu 便是 Debian 一脈的發行版，其中的 deb 套件使用十分廣泛，在桌上型主機及伺服器皆然。

要觀察現實中使用的 deb 套件，請設想我們要用 apt 安裝 curl 工具程式。後者是一項十分好用的工具，可以用來操作 HTTP APIs、並藉以從各個位置下載檔案。注意這裡的輸出也因排版因素經過精簡了。

首先尋找 curl 套件：

```
# apt search curl ❶
Sorting... Done
Full Text Search... Done
curl/focal-updates,focal-security 7.68.0-1ubuntu2.6 amd64
  command line tool for transferring data with URL syntax

curlftpfs/focal 0.9.2-9build1 amd64
  filesystem to access FTP hosts based on FUSE and cURL

flickcurl-doc/focal 1.26-5 all
  utilities to call the Flickr API from command line - documentation
```

```
flickcurl-utils/focal 1.26-5 amd64
  utilities to call the Flickr API from command line

gambas3-gb-net-curl/focal 3.14.3-2ubuntu3.1 amd64
  Gambas advanced networking component
...
```

❶ 用 apt 尋找 curl 套件。注意顯示出來的搜尋結果可能有好幾打以上，但其中大部分都是程式庫、以及與特定程式語言相關的 bindings（如 Python、Ruby、Go、Rust 等等）。

現在我們動手安裝 curl 套件：

```
# apt install curl ❶
Reading package lists... Done
Building dependency tree ❷
Reading state information... Done
The following additional packages will be installed:
  ca-certificates krb5-locales libasn1-8-heimdal libbrotli1 ...

Suggested packages:
  krb5-doc krb5-user libsasl2-modules-gssapi-mit ...

The following NEW packages will be installed:
  ca-certificates curl krb5-locales libasn1-8-heimdal ...

0 upgraded, 32 newly installed, 0 to remove and 2 not upgraded.
Need to get 5447 kB of archives.
After this operation, 16.7 MB of additional disk space will be used.
Do you want to continue? [Y/n] ❸

Get:1 http://archive.ubuntu.com/ubuntu focal-updates/main amd64
      libssl1.1 amd64 1.1.1f-1ubuntu2.8 [1320 kB]
Get:2 http://archive.ubuntu.com/ubuntu focal-updates/main amd64
      openssl amd64 1.1.1f-1ubuntu2.8 [620 kB]
...
Fetched 5447 kB in 1s (3882 kB/s)
Selecting previously unselected package libssl1.1:amd64.
(Reading database ... 4127 files and directories currently installed.)
Preparing to unpack .../00-libssl1.1_1.1.1f-1ubuntu2.8_amd64.deb ...
Unpacking libssl1.1:amd64 (1.1.1f-1ubuntu2.8) ...
...
Setting up libkeyutils1:amd64 (1.6-6ubuntu1) ...
...
Processing triggers for ca-certificates (20210119~20.04.1) ...
Updating certificates in /etc/ssl/certs...
1 added, 0 removed; done. ❹
```

```
Running hooks in /etc/ca-certificates/update.d...
Done.
```

❶ 安裝 curl 套件。

❷ apt 的第一步也是判定依存關係。

❸ 這裡的 apt 提供了依存關係的摘要，並告知它要安裝的內容。這裡需要以互動方式
確認；但在指令碼中也可以用 apt install curl -y 自動以肯定的答案繼續動作。

❹ 驗證完所有依存關係之後，主要套件便會一一安裝，最後 apt 回報安裝成功。

最後讓我們也驗證一下 curl 套件：

```
# apt show curl
Package: curl
Version: 7.68.0-1ubuntu2.6
Priority: optional
Section: web
Origin: Ubuntu
Maintainer: Ubuntu Developers <ubuntu-devel-discuss@lists.ubuntu.com>
Original-Maintainer: Alessandro Ghedini <ghedo@debian.org>
Bugs: https://bugs.launchpad.net/ubuntu/+filebug
Installed-Size: 411 kB
Depends: libc6 (>= 2.17), libcurl4 (= 7.68.0-1ubuntu2.6), zlib1g (>= 1:1.1.4)
Homepage: http://curl.haxx.se
Task: server, cloud-image, ubuntu-budgie-desktop
Download-Size: 161 kB
APT-Manual-Installed: yes
APT-Sources: http://archive.ubuntu.com/ubuntu focal-updates/main amd64 Packages
Description: command line tool for transferring data with URL syntax

N: There is 1 additional record. Please use the '-a' switch to see it
```

現在我們要繼續介紹程式語言自身的套件管理工具。

程式語言自身的套件管理工具

程式語言自身也會有套件管理工具可以引用，例如：

C/C++

擁有眾多套件管理工具，包括 Conan 和 vcpkg

Go

本身就內建套件管理功能（go get、go mod）

Node.js

使用 `npm` 及其他工具

Java

使用 `maven` 和 `nuts` 等工具

Python

使用 `pip` 和 PyPM

Ruby

使用 `rubygems` 和 Rails

Rust

使用 `cargo`

現在我們可以來介紹容器，以及如何以它管理應用程式了。

容器

在本書中，我們將容器（*container*）視為 Linux 裡的一群程序，它們利用了 Linux 的命名空間（namespaces）、cgroups 等技術，有時還會搭配寫入時複製（Copy-on-Write, CoW）檔案系統，提供應用程式層級的依存關係管理。容器的運用案例很多，從本地端測試與開發、到分散式系統的操作，例如在 Kubernetes 中操作的容器化微服務等等。

雖說容器對於開發人員及系統管理人員都非常有用，但對於身為終端使用者的你來說，你也許更偏好採用高階工具來管理應用程式（如第 156 頁「現代化的套件管理工具」一節所述）。

如果當時有容器就好了

在筆者以往的職涯裡，曾受命要組裝一套概念驗證環境，其中涉及一套名為 **InfluxDB** 的時序資料庫。整體的設置需要先滿足為數眾多的先決條件（建立目錄、複製資料）、也得先把有依存關係的功能先裝好。當我終於可以將成果移交給同事去向客戶展示時，我還得附上自己撰寫的詳細文件，其中枚舉了所有的步驟和檢查動作，確保每一件事都如預期般運作。

> 如果那時有像是 Docker 這樣的容器解決方案的話，我和同事就可以省下大把時間了，只需把每一項內容打包成容器就好。這樣一來，不只方便我的同事直接引用，還可以保證在他們的環境中執行時，效果會跟在我的筆電環境中一模一樣。

對於 Linux 而言，容器並不是什麼新穎的概念。但是只有在 Docker 於約莫 2014 年問世之後，它們才獲得技術主流的青睞。在此之前，曾有多次嘗試要實現容器的概念，但當時都是以系統管理者為目標，而非供給開發人員運用，先前的嘗試包括：

- Linux-VServer（2001）（*https://oreil.ly/A5Uri*）
- OpenVZ（2005）（*https://oreil.ly/yM3Tm*）
- LXC（2008）（*https://oreil.ly/BDSjL*）
- Let Me Contain That for You（lmctfy）（2013）（*https://oreil.ly/xpmMx*）

這些手法的共通之處，在於它們都採用了 Linux 核心提供的基本建置區塊，像是命名空間或 cgroups 等等，讓使用者能藉以運行應用程式。

Docker 則是在觀念上更進一步，提出了兩項突破性的元素：一是以標準化的方式定義如何以容器映像檔進行封裝，二是更為友善的使用者介面（例如 `docker run` 這般簡潔的命令）。容器映像檔的定義及發行方式，加上容器執行的方式，形成了我們現在熟知的開放容器計畫（Open Container Initiative, OCI）核心規格的基礎。當我們在此談論容器時，皆以相容於 OCI 的實作為主。

OCI 容器規格的三大核心如下：

執行期間的規格（*https://oreil.ly/vrN0V*）
> 這裡定義了執行期間需要支援的一切內容，包括運行及生命週期等階段

映像檔格式的規格（*https://oreil.ly/p0WCY*）
> 定義了如何根據中介資料及分層結構建構容器映像檔

發行的規格（*https://oreil.ly/kNNeA*）
> 定義如何交付容器映像檔，有效地界定容器背景中的儲存庫運作

另一項與容器有關的觀念，就是**不變性**（*immutability*）。這意味著一旦我們把各項組態兜在一起，在使用時就不能再更動。換言之，如果要更改，就必須重新建立一套新的（靜態的）組態、和一個採用新組態的新資源（例如一個程序）。我們會在介紹容器映像檔時再來探討這一點。

現在讀者已經大略理解知道容器的概念了，我們接著來深入研究符合 OCI 的容器建構區塊。

Linux 的命名空間

正如第 1 章時所介紹的，Linux 一開始是全面掌握所有資源的（global view）。為了讓程序能擁有自己對資源的局部掌控（local view）（例如檔案系統、網路、甚至使用者），Linux 引進了所謂的命名空間（namespaces）。

換言之，Linux 的命名空間完全是關於資源可見度的概念，可以用來隔離作業系統資源的各個面向。這裡的隔離大部分是針對程序所見的範圍，但不一定是完全硬性的藩籬（從安全角度而言）。

為了建立命名空間，你必須要有三種相關的 syscall 可用：

clone（*https://oreil.ly/JNot8*）

用來建立子程序，得以與母程序共享一部分的執行背景

unshare（*https://oreil.ly/9BXiz*）

用來從既有程序中移除共享的執行背景

setns（*https://oreil.ly/PKGHm*）

用來將既有的程序加入到既有的命名空間之中

上述的 syscall 會以一系列的旗標作為參數，讓你得以對自己要建立、進入及離開的命名空間進行微調控制：

CLONE_NEWNS

專供檔案系統掛載點使用。可以從 */proc/$PID/mounts* 觀察。從 Linux 2.4.19 版核心起開始支援。

CLONE_NEWUTS

專供建立主機名稱和（NIS）網域名稱隔離使用。可以從 `uname -n` 和 `hostname -f` 觀察。從 Linux 2.6.19 版核心起開始支援。

CLONE_NEWIPC

用於程序之間的通訊（interprocess communication, IPC）資源隔離，類似 System V 的 IPC 物件或是 POSIX 的訊息佇列。可從 */proc/sys/fs/mqueue*、*/proc/sys/kernel*、以及 */proc/sysvipc* 觀察得知。從 Linux 2.6.19 版核心起開始支援。

CLONE_NEWPID

用於 PID 編號空間隔離（位於命名空間之內 / 之外的 PID）。你可以從 */proc/$PID /status* 取得細節。從 Linux 2.6.24 版核心起開始支援。

CLONE_NEWNET

用於控制網路系統資源可見性。例如網路裝置、IP 位址、IP 路由表、以及通訊埠編號。你可以用 `ip netns list`、*/proc/net* 和 */sys/class/net* 來觀察。從 Linux 2.6.29 版核心起開始支援。

CLONE_NEWUSER

用於對應位於命名空間內 / 外的 UID+GIDs。你可以用 `id` 命令、或是從 */proc/$PID /uid_map* 和 */proc/$PID/gid_map* 等位置查詢 UIDs 和 GIDs 及其對應關係。從 Linux 3.8 版核心起開始支援。

CLONE_NEWCGROUP

用於管理命名空間中的 cgroups。你可以在 */sys/fs/cgroup*、*/proc/cgroups* 和 */proc/$PID/cgroup* 底下觀察它們。從 Linux 4.6 版核心起開始支援。

若要觀察你的系統上正在使用的命名空間，辦法如下（輸出已經過版面編排）：

```
$ sudo lsns
        NS TYPE    NPROCS    PID USER        COMMAND
4026531835 cgroup     251      1 root        /sbin/init splash
4026531836 pid        245      1 root        /sbin/init splash
4026531837 user       245      1 root        /sbin/init splash
4026531838 uts        251      1 root        /sbin/init splash
4026531839 ipc        251      1 root        /sbin/init splash
4026531840 mnt        241      1 root        /sbin/init splash
4026531860 mnt          1     33 root        kdevtmpfs
4026531992 net        244      1 root        /sbin/init splash
```

```
4026532233 mnt          1    432 root            /lib/systemd/systemd-udevd
4026532250 user         1   5319 mh9             /opt/google/chrome/nacl_helper
4026532316 mnt          1    684 systemd-timesync /lib/systemd/systemd-timesyncd
4026532491 mnt          1    688 systemd-resolve  /lib/systemd/systemd-resolved
...
```

下一個建構容器的區塊,則主要集中在對於資源使用的限制以及回報。

Linux 的 cgroups

如果說命名空間管的是可見性(visibility),那麼 *cgroups* 提供的就是另一種功能:它的機制會安排程序分組。搭配階層式組織,你可以用 cgroups 來控制系統資源的運用。此外,cgroups 還額外提供對於資源使用的追蹤;舉例來說,它們可以顯示一個程序(群組)使用了多少 RAM 或是 CPU 秒數。你可以把 cgroups 想像成是一個宣告單元,把控制器(controller)想像成一段會強制實施資源限制或回報資源用量的核心程式碼。

在本書寫作時,核心中有兩種版本的 cgroups:cgroups v1 和 v2。cgroup v1 仍然廣為使用,但最終 v2 會取代 v1,因此大家都應把注意力放在 v2 上。

cgroup v1

藉由 cgroup v1,核心開發社群提出了一種特殊手法,可以在必要時增設新的 cgroups 和控制器。以下便列舉 v1 cgroups 和控制器(按照面世時間、從最早到最新陳列;注意它們的文件相當散漫而且可能彼此不一致):

CFS 頻寬控制(*https://oreil.ly/vGu0Y*)

透過 cpu cgroup 使用。從 Linux 2.6.24 版核心起開始支援。

CPU 會計控制器(*https://oreil.ly/7NSLN*)

透過 cpuacct cgroup 使用。從 Linux 2.6.24 版核心起開始支援

cpusets *cgroup*(*https://oreil.ly/sJp4X*)

讓你可以為任務(task)分配 CPU 和記憶體。從 Linux 2.6.24 版核心起開始支援。

記憶體資源控制器(*https://oreil.ly/VjsXY*)

讓你可以隔離各個任務的記憶體行為。從 Linux 2.6.25 版核心起開始支援。

裝置白名單控制器(*https://oreil.ly/DklEJ*)

讓你可以控制裝置檔案的使用。從 Linux 2.6.26 版核心起開始支援。

freezer *cgroup*（*https://oreil.ly/waLVz*）

用來管理批次作業（batch job）。從 Linux 2.6.28 版核心起開始支援。

網路分類 *cgroup*（*https://oreil.ly/fGcWg*）

用來對封包指派不同的優先性。從 Linux 2.6.29 版核心起開始支援

區塊 *IO* 控制器（*https://oreil.ly/V3Zto*）

允許調節區塊 I/O。從 Linux 2.6.33 版核心起開始支援。

perf_event 命令（*https://oreil.ly/AMWei*）

讓你可以蒐集效能資料。從 Linux 2.6.39 版核心起開始支援。

網路優先性 *cgroup*（*https://oreil.ly/4e9f2*）

讓你可以動態地設置網路流量優先性。從 Linux 3.3 版核心起開始支援。

HugeTLB 控制器（*https://oreil.ly/dzl7L*）

讓你可以限制 HugeTLB 的使用。從 Linux 3.5 版核心起開始支援。

程序編號控制器（*https://oreil.ly/WkBss*）

讓 cgroup 階層可以在達到某種限制後不再建立新的程序。從 Linux 4.3 版核心起開始支援。

cgroup v2

cgroup v2 吸取了 v1 的教訓，完全改寫了 cgroups。不論是在一致的設定方式、還有 cgroups 的運用、以及文件（集中且內容一致）方面皆是如此。cgroup v2 的設計與 v1 針對個別程序的方式不同，前者只採行單一的階層架構，而且所有的控制器都是以相同的方式管理的。以下是 v2 的控制器：

CPU 控制器

負責監看 CPU 時脈分配，可支援各種模型（依照比重或上限值）分配，同時還包含使用狀況回報

記憶體控制器

可透過多種控制參數調節記憶體分配，並支援使用者空間記憶體分配，以及像是 dentries 和 inodes、及 TCP socket 緩衝之類的核心資料結構

I/O 控制器

負責調節 I/O 資源分配，可按照比重及絕對頻寬、或是每秒 I/O 操作（IOPS）的限制進行分配，回報時以位元組和 IOPS 讀 / 寫次數為單位

程序編號（PID）控制器

與 v1 版本類似

cpuset 控制器

與 v1 版本類似

裝 置 控 制 器

管理對於裝置檔案的存取，以 eBPF 為實作基礎

rdma 控制器

負責調節遠端直接存取記憶體（remote direct memory access, RDMA）資源的分配管理

HugeTLB 控制器

與 v1 版本類似

此外，v2 裡還有各式各樣的 cgroups，可以限制資源使用並設置純量資源（意指無法像其他 cgroup 資源那樣予以抽象化的資源）的追蹤機制。

你可以透過 systemctl 命令，在繪製美觀的樹狀資訊結構中檢視 Linux 系統裡所有的 v2 cgroups，如下例所示（輸出已經過編排）：

```
$ systemctl status ❶
starlite
    State: degraded
     Jobs: 0 queued
   Failed: 1 units
    Since: Tue 2021-09-07 11:49:08 IST; 1 weeks 1 days ago
    CGroup: /
            ├─22160 bpfilter_umh
            ├─user.slice
            │ └─user-1000.slice ❷
            │   ├─user@1000.service
            │   │ ├─gvfs-goa-volume-monitor.service
            │   │ │ └─14497 /usr/lib/gvfs/gvfs-goa-volume-monitor
    ...
```

命令	說明	範例
pull	從登錄所下載容器映像檔	從 AWS 登錄所下載：docker pull public.ecr.aws/some:tag
images	列出本地端容器映像檔	列出特定登錄所的映像檔：docker images ubuntu
image	管理容器映像檔	移除所有未使用的映像檔：docker image prune -all

現在我們來仔細觀察建置階段的部件：即 Docker 使用的容器映像檔。

容器映像檔

為了定義出如何建置容器映像檔的指令，你必須透過一個純文字格式的檔案，我們稱之為 Dockerfile。

在 Dockerfile 裡可以有不同的目錄區段：

基礎映像檔

在 build/run 階段可以有好幾個 FROM; 存在

中介資料

標示內容之間關係的 LABEL

引數與環境變數

ARGS、ENV

建置階段的規格

COPY、RUN 等等都是定義映像檔層層堆疊建置的方式

執行期間的規格

CMD 和 ENTRYPOINT 定義了容器執行的方式

利用 docker build 命令，你就能把代表應用程式的一群檔案（可以是原始碼或二進位檔案格式）、再搭配 Dockerfile，轉變成容器映像檔。這個容器映像檔便是你可以拿來運行、或是推送到登錄所的部件，後者可以進一步將映像檔發佈出來供他人下載、繼而運行容器。

運行中的容器

你可以用互動輸入的方式運行容器（附掛終端機）、或是以 daemons 的方式運行（在背景端）。docker run 命令會取得容器映像檔，以及一組執行期間所需的輸入，像是

環境變數、要開放的通訊埠、以及要掛載的卷冊等等。有了這類資訊，Docker 便可建立必要的命名空間和 cgroups，進而啟動容器映像檔中定義的應用程式（透過 CMD 或是 ENTRYPOINT）。

理解了 Docker 運作理論以後，來看看實際運作的例子。

範例：容器化的 greeter 程式

讓我們試著把這支小程式 greeter（請參閱 126 頁的「執行範例：greeter」）放進容器執行看看。

首先，我們得定義出 Dockerfile，它含有建置容器映像檔所需的指令：

```
FROM ubuntu:20.04 ❶
LABEL org.opencontainers.image.authors="Michael Hausenblas" ❷
COPY greeter.sh /app/ ❸
WORKDIR /app ❹
RUN chown -R 1001:1 /app ❺
USER 1001
ENTRYPOINT ["/app/greeter.sh"] ❻
```

❶ 先以明確的標籤定義基礎映像檔（20.04）。

❷ 再用標籤加上一些中介資料（*https://oreil.ly/eYWVo*）。

❸ 把 shell 指令碼複製進來。複製內容可以是一個二進位檔案、一個 JAR 檔案、或是一個 Python 指令碼檔案皆可。

❹ 指定工作目錄。

❺ 這一行和下一行定義的是執行應用程式的使用者身份。如果你沒加上這一筆，就會以不該使用的 root 身份執行。

❻ 定義該執行的內容，以我們的例子來說，就是這支 shell 指令碼。我們透過 ENTRYPOINT 來定義，這時甚至可以傳入參數，做法是執行 docker run greeter:1 _SOME_PARAMETER_。

接著我們要建置容器映像檔：

```
$ sudo docker build -t greeter:1 . ❶
Sending build context to Docker daemon  3.072kB
Step 1/7 : FROM ubuntu:20.04 ❷
20.04: Pulling from library/ubuntu
35807b77a593: Pull complete
Digest: sha256:9d6a8699fb5c9c39cf08a0871bd6219f0400981c570894cd8cbea30d3424a31f
```

```
Status: Downloaded newer image for ubuntu:20.04
 ---> fb52e22af1b0
Step 2/7 : LABEL org.opencontainers.image.authors="Michael Hausenblas"
 ---> Running in 6aa921276c3b
Removing intermediate container 6aa921276c3b
 ---> def717e3352b
Step 3/7 : COPY greeter.sh /app/
 ---> 5f3eb160fea3
Step 4/7 : WORKDIR /app
 ---> Running in 698c29938a96
Removing intermediate container 698c29938a96
 ---> d73572886c13
Step 5/7 : RUN chown -R 1001:1 /app
 ---> Running in 5b5eb5d1935a
Removing intermediate container 5b5eb5d1935a
 ---> 42c35a6db6e2
Step 6/7 : USER 1001
 ---> Running in bec92deaac6e
Removing intermediate container bec92deaac6e
 ---> b6e0e27f253b
Step 7/7 : CMD ["/app/greeter.sh"]
 ---> Running in 6d3b439f7e50
Removing intermediate container 6d3b439f7e50
 ---> 433a5f10d84e
Successfully built 433a5f10d84e
Successfully tagged greeter:1
```

❶ 建立容器映像檔,並加上標籤(label,就是 -t greeter:1)。這裡的 . 字元代表它以現行目錄為建置起點,並假設這裡就有一個 Dockerfile 存在可供參考。

❷ 以下各行分別代表各個區段的動作:下載基礎映像檔、並逐層堆疊進行建置。

來瞧瞧容器映像檔是否已存在:

```
$ sudo docker images
REPOSITORY    TAG       IMAGE ID        CREATED          SIZE
greeter       1         433a5f10d84e    35 seconds ago   72.8MB
ubuntu        20.04     fb52e22af1b0    2 weeks ago      72.8MB
```

現在我們可以用 greeter:1 映像檔來運行容器了,就像這樣:

```
  $ sudo docker run greeter:1
You are awesome!
```

以上便是我們學到的 Docker 必備知識。現在要簡單地審視一下相關的工具。

其他容器工具

你不見得一定得靠 Docker 才能操作 OCI 容器；其他的替代工具包括 Red Hat 主導與贊助開發的組合工具 podman 和 buildah。這些無 daemon 輔助的工具，讓你可以建置 OCI 的容器映像檔（buildah）、隨後加以運行（podman）。

此外尚有為數甚眾的工具，可以用來輕鬆地操作 OCI 容器、命名空間和 cgroups，包括以下所列（但實際上還有更多）：

containerd （*https://oreil.ly/mIKkm*）

一個可以管理 OCI 映像檔生命週期的 daemon，從映像檔的傳送和儲存、到容器執行期間的監督都在內

skopeo （*https://oreil.ly/UAom6*）

操作容器映像檔專用（複製、檢視內容部件等等）

systemd-cgtop （*https://oreil.ly/aDgBa*）

相當於具有 cgroups 識別能力的 top 命令，能夠以互動方式顯示資源使用狀態

nsenter （*https://oreil.ly/D0Gbc*）

讓你可以在指定的既有命名空間中執行程式

unshare （*https://oreil.ly/oOigx*）

讓你可以執行具有特定命名空間的程式（以旗標選擇加入）

lsns （*https://oreil.ly/jY7Q6*）

列出 Linux 命名空間的資訊

cinf （*https://oreil.ly/yaiMo*）

列出與程序識別碼有關的 Linux 命名空間與 cgroups 相關資訊

容器之旅到此結束。現在我們要來看看現代化的套件管理工具，以及它們如何利用容器來區隔應用程式。

現代化的套件管理工具

除了各家發行版特有的傳統套件管理工具之外，還有一種新型的套件管理工具。這些現代化的解決方案經常會用到容器的概念，而且目標都在於跨越發行版、或是針對特定環境使用。舉例來說，有些工具特別容易讓 Linux 桌面使用者可以安裝 GUI 應用程式。

Snap（*https://oreil.ly/n4fe6*）

一套由 Canonical Ltd. 設計與推動的軟體封裝及部署系統。它設置了一套精巧的沙箱，可以用在桌面、雲端、甚至物聯網（IoT）環境當中。

Flatpak（*https://oreil.ly/sEEu1*）

專為 Linux 桌面環境最佳化，採用了 cgroups、命名空間、bind mounts 和 seccomp 等技術建置區塊。原本源於 Linux 發行版中的 Red Hat 領域，現已在多種發行版中現蹤，包括 Fedora、Mint、Ubuntu、Arch、Debian、openSUSE、以及 Chrome OS。

AppImage（*https://oreil.ly/76Uhu*）

已經存在了一段時間，而它推行的概念是，一個應用程式就等於一個檔案；亦即它不需要額外的依存關係，只需要安裝的目標 Linux 系統上既有的元件就能運作。長久下來，已有多種有趣的功能植入到 AppImage 當中，從有效率的更新方式、到桌面整合、以及軟體目錄等等都是。

Homebrew（*https://oreil.ly/XegIz*）

原本是 macOS 中使用的，但現在 Linux 也可以使用，而且日漸受到歡迎。它是以 Ruby 撰寫的，擁有強大但非常直覺化的使用者介面。

結論

在這一章裡，我們談到了相當多的題材，全都跟如何在 Linux 上安裝、維護及使用應用程式有關。

首先，我們定義了基本的應用程式術語，然後又檢視了 Linux 的啟動過程，也介紹了 systemd 這個如今已是管理啟動及相關元件的標準方式。為了發佈應用程式，Linux 採用了套件和套件管理工具。我們探討了各種管理工具，以及如何以容器進行開發與測試，同時將其應用在依存關係管理上。Docker 容器運用了 Linux 的原生功能（cgroups、命名空間、CoW 檔案系統）來提供應用程式層級的依存關係管理（透過容器映像檔）。

最後我們檢視了管理應用程式的自訂解決方案，包括 Snap 等等。

如果你想要進一步鑽研本章的題材，可參閱以下資源：

啟動程序與 *init* 系統

- 「Analyzing the Linux Boot Process」（*https://oreil.ly/bYPw5*）
- 「Stages of Linux Booting Process」（*https://oreil.ly/k90in*）
- 「How to Configure a Linux Service to Start Automatically After a Crash or Reboot」（*https://oreil.ly/tvaMe*）

套件管理

- 「2021 State of the Software Supply Chain」（*https://oreil.ly/66mo5*）
- 「Linux Package Management」（*https://oreil.ly/MFGlL*）
- 「Understanding RPM Package Management Tutorial」（*https://oreil.ly/jiRj8*）
- 「Debian packages」（*https://oreil.ly/DmAvc*）

容器

- 「A Practical Introduction to Container Terminology」（*https://oreil.ly/zn69i*）
- 「From Docker to OCI: What Is a Container」（*https://oreil.ly/NUxrE*）
- 「Building Containers Without Docker」（*https://oreil.ly/VofA0*）
- 「Why Red Hat Is Investing in CRI-O and Podman」（*https://oreil.ly/KJB9O*）
- 「Demystifying Containers」（*https://oreil.ly/Anvty*）
- 「Rootless Containers」（*https://oreil.ly/FLTHf*）
- 「Docker Storage Drivers Deep Dive」（*https://oreil.ly/8QPPh*）
- 「The Hunt for a Better Dockerfile」（*https://oreil.ly/MLAom*）

現在你已對應用程式有基本的認識了，我們要從單一 Linux 系統的範圍進展到互聯的環境，因此要談到必備的先決條件：網路。

## 第七章

網路功能

本章要來詳細說明 Linux 的網路功能。在現代化的環境裡，Linux 所具備的網路堆疊是最基本的元件。若無此一堆疊相助，幾乎就沒有什麼事情能達成目的了。不論是要取用雲端供應商的某個虛擬機實例、瀏覽網頁、還是安裝新的應用程式，都需要有連線方可為之，而且你還需要能與其互動的方式。

我們會先從常用的網路術語講起，從硬體層級一直談到使用者會面對的元件，像 HTTP與 SSH 之類。我們也會談到網路堆疊、協定、以及介面。尤其會花多一點時間在網頁和更廣泛的網際網路的名稱部分上，也就是大家熟知的網域名稱系統（Domain Name System, DNS）。有趣的是，這個名稱系統非但不只常見於廣域部署，同時還是在 Kubernetes 這類容器環境中用來尋找服務的中心元件。

接著我們會檢視應用層的網路協定和工具。這涵蓋了檔案共享、網頁瀏覽、網路化檔案系統、以及其他在網路上共享資料的方法。

在本章最後，我們會檢視若干更為進階的網路主題，如地理繪圖、網路校時等等。

若要為本章內容下個定論：可以說成你會在 Linux 的網路功能上花掉大量的時間；事實上本書幾乎全是專為這個題材撰寫的。我們在此會採取更實用的方式，從終端使用者的觀點直接進入動手做的題材。至於與網路功能相關的管理題材，例如組態和網路裝置設定，基本上不在此處探討範圍之內。

現在讓我們從網路功能的基礎談起。

基礎

首先我們要談一下，何以網路功能牽涉到這麼多的使用案例，並趁機定義若干常用的網路術語。

在現代化的環境裡，網路功能扮演了要角。任務範圍從安裝應用程式、瀏覽網頁、乃至於檢視郵件或社群媒體、還有操作遠端機器（不論是你透過區域網路連接的嵌入式系統、還是在雲端供應商機房運行的伺服器皆然）。由於網路中參雜了大量動態的組件和層級，你很難判斷問題究竟屬於硬體層面、還是其實出自軟體堆疊。

Linux 網路功能要面臨的另一項挑戰，則是源自於抽象化：本章談到的多項事物都具備高階的使用者介面，即使檔案或是應用程式其實運作在遠端機器上，也會被打扮成像是唾手可得、或者說就像是在操作本機一樣。雖說將遠端資源予以抽象化、使其看似本地資源，是一項十分有用的功能，我們卻不能忘記，這些終究仍是透過纜線或空氣中的電波傳遞的位元內容。在進行故障排除或測試時，要牢記這一點。

圖 7-1 從高階觀點顯示了 Linux 網路功能的運作方式。其中一部分是網路硬體，如乙太網路卡或是無線網卡；還有一些是核心層的元件，如 TCP/IP 堆疊；最後則是使用者空間的各種工具，可用來設定、查詢、以及使用網路功能。

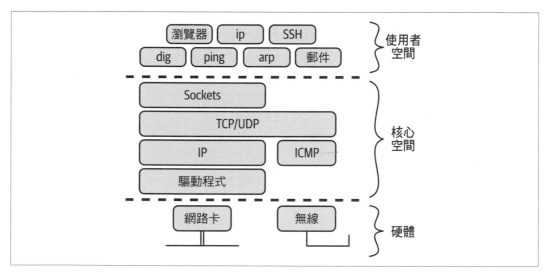

圖 7-1　Linux 網路架構概覽

現在就讓我們深入 TCP/IP 堆疊，亦即 Linux 網路功能的核心。

在 Linux 的其他領域中，如果想要鑽研介面或協定背後的設計玄機，往往必須研讀原始程式碼、或是寄望於完善的文件，但是在網路的領域裡，幾乎每一種協定和介面都基於公開的規格。網際網路工程任務小組（The Internet Engineering Task Force, IETF）會在 *datatracker.ietf.org* 免費以意見徵求書（requests for comments, RFCs）的形式公開這些規格。

請養成隨時瀏覽這些 RFC 的習慣，然後才著手進行實作的細節。這些 RFC 都是由專業的從業人員為彼此的需要撰寫的，其中記錄了良好的實務方向、以及如何實作的內容。不要畏懼閱讀這類資料；你可以從中進一步了解，這些協定背後的設計動機、使用案例、以及為何會有這一切存在的來龍去脈等等。

TCP/IP 堆疊

如同圖 7-2 所示，TCP/IP 堆疊是一種分層的網路模型，由多項協定和工具合組而成，其中大多數皆具備 IETF 定義的規格。每一層都必須知道與自己相鄰的層級，而且也只能和相鄰的上層或下層通訊。資料以封包的形式封裝，每一層通常都會將封包資料加上與自身功能相關資料構成的標頭（header）作為包裝。因此當應用程式送出資料時，它會與堆疊中最高的一層直接溝通，加上自己的標頭，然後沿著堆疊一層層地往下送（亦即發送路徑）。反過來說，若是應用程式需要接收資料，資料便必須先抵達最底層，然後每一層都會依序按照自己認得的封包標頭資訊進行處理，然後把處理完的資料往上層送（亦即接收路徑）。

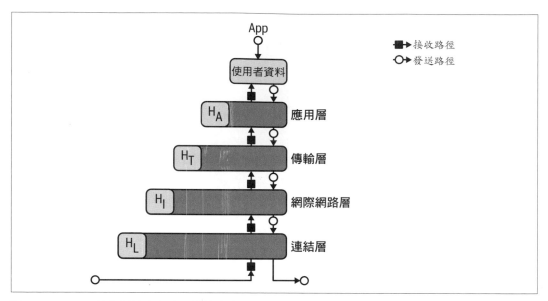

圖 7-2　TCP/IP 的各層結合起來，就能實踐通訊

從最下層開始，TCP/IP 堆疊的四層介紹如下：

鏈結層

位於堆疊底部，這一層涵蓋的是硬體（乙太網路、無線網路）及核心的驅動程式功能，著重的功能在於封包如何在實體裝置之間傳送。詳情請參閱 163 頁的「鏈結層」一節。

網際網路層

搭配網際網路協定（Internet Protocol, IP），這一層的功能在於路由；亦即它支援在網路上的機器之間發送封包。我們會在 167 頁的「網際網路層」探討它。

傳輸層

這一層控制的是主機之間（不論虛擬或實體機器）的點對點通訊，搭配的則是傳輸控制協定（Transmission Control Protocol, TCP），它以會談（session）為基礎，進行穩定可靠的通訊，而 User Datagram Protocol（UDP）則是用於無須特別建立穩定連線機制（connection-less）的通訊方式。傳輸層主要負責處理封包如何傳送，包括透過通訊埠（ports）分別處理機器上個別的服務，還有確保資料的正確性。此外，Linux 也支援以 sockets 作為通訊端點。請參閱第 175 頁「傳輸層」一節的說明。

應用層

這一層處理的是使用者會看到的工具及應用程式，像是網頁、SSH 和郵件等等。我們會在 181 頁的「DNS」及 189 頁的「應用層網路功能」等小節中探討它。

網際網路與 OSI

網際網路的起源是美國國防部始於 1960 年代的一項計畫，其目標在於打造出一套不易被摧毀的通訊網路。網際網路其實是由許多小型網路合組而成的大型網路，它的背後是許多連接後端基礎設施的區域網路，因此可以讓不同的系統彼此通訊。

你可能會常看到所謂的 Open Systems Interconnection（OSI）模型，這也是一種網路功能的理論模型，但它分成七層，而它最頂端的第七層便一樣是應用層。至於 TCP/IP 模型則只使用四層，但在現實環境中 TCP/IP 堆疊則是隨處可見。

不要被分層的數字騙了。通常由於硬體都被視為第一層，因而鏈結層被視為第二層、網際網路是第三層、傳輸是第四層，而（基於歷史包袱，而且為了與 OSI 模型一致）應用會被視為第七層。

分層化的意義，代表標頭和來自上一層的酬載資料都會合組成為下一層的酬載資料。舉例來說，請看圖 7-2，網際網路層的酬載便是由傳輸層的標頭 H_T 及傳輸層資料構成。換言之，網際網路層會從傳輸層取得封包，將其視為內容不明的位元組區塊，然後只管加上與自己功能有關的資訊，亦即封包需要前往目標機器的路由。

現在我們就從最底層的鏈結層開始，一路沿著 TCP/IP 堆疊往上走一遍看看。

鏈結層

在 TCP/IP 堆疊的鏈結層中，多半都是與硬體有關的、或者是接近硬體的部分，例如位元組、線材、電磁波、裝置驅動程式、以及網路介面等等。你在這個部分會看到以下的術語：

乙太網路

一系列的網路技術，利用纜線來連接機器；通常運用在區域網路端（LAN）。

無線

又稱為 WiFi，也是一個通訊協定和連線方式的類別，但不使用纜線，而是改用電磁波來傳輸資料。

MAC 位址

這是*媒體存取控制*（*media access control*）的縮寫，MAC 實際上是一串長度為 48 位元的獨特硬體識別碼，用來辨識你的機器（或者更精確地說，是辨識網路介面；請參閱以下的術語）。MAC 位址通常會以前 24 個位元作為組織獨有識別碼（organizationally unique identifier, OUI），以便為裝置製造商編碼。

介面

一種連接網路的方式。可以是一個實體介面（詳情可參閱 164 頁的「網路介面控制器」一節）、或是虛擬（透過軟體撰寫）介面，例如迴繞介面（loopback interface）的 lo。

了解以上的基礎後，我們來仔細研究一下鏈結層。

網路介面控制器

最基本的硬體設備之一，便是網路介面控制器（*network interface controller*，NIC），俗稱網路卡（*network interface card*，縮寫一樣也是 NIC）。NIC 為網路提供了實體連線方式，採用有線標準（如 IEEE 802.3-2018 的乙太網路標準），或 IEEE 802.11 系列的多種無線標準之一。一旦接上網路，NIC 便會把數位化呈現的位元組轉換成電氣或電磁訊號傳送出去。接收路徑則是反其道而行，由 NIC 將收到的實體訊號再轉換成位元和位元組，以便讓軟體處理。

來看一個現實中 NIC 的例子。傳統上我們會用（現在已被棄而不用）ifconfig 命令來查詢系統上可用的 NIC 資訊（這裡提到它主要是為了說明，實際上都已改用下例中說明的 ip 命令）：

```
$ ifconfig
lo: flags=73<UP,LOOPBACK,RUNNING>  mtu 65536 ❶
        inet 127.0.0.1  netmask 255.0.0.0
        inet6 ::1  prefixlen 128  scopeid 0x10<host>
        loop  txqueuelen 1000  (Local Loopback)
        RX packets 7218  bytes 677714 (677.7 KB)
        RX errors 0  dropped 0  overruns 0  frame 0
        TX packets 7218  bytes 677714 (677.7 KB)
        TX errors 0  dropped 0 overruns 0  carrier 0  collisions 0
```

```
wlp1s0: flags=4163<UP,BROADCAST,RUNNING,MULTICAST>  mtu 1500 ❷
        inet 192.168.178.40  netmask 255.255.255.0  broadcast 192.168.178.255
        inet6 fe80::be87:e600:7de7:e08f  prefixlen 64  scopeid 0x20<link>
        ether 38:de:ad:37:32:0f  txqueuelen 1000  (Ethernet)
        RX packets 2398756  bytes 3003287387 (3.0 GB)
        RX errors 0  dropped 7  overruns 0  frame 0
        TX packets 504087  bytes 85467550 (85.4 MB)
        TX errors 0  dropped 0 overruns 0  carrier 0  collisions 0
```

❶ 此處的第一個介面是 lo,即迴繞(loopback)介面,其 IP 位址是 127.0.0.1(請參閱 168 頁的「IPv4」一節)。最大傳輸單元(maximum transmission unit, MTU)指的是封包大小,這裡是 65,536 位元組(更高的值意味著更大的吞吐量);基於歷史包袱,乙太網路預設使用 1,500 個位元組的資料訊框,但你也可以啟用巨型訊框(jumbo frames),大小為 9,000 個位元組。

❷ 第二個介面則是 wlp1s0,具備一個 IPv4 位址 192.168.178.40。這個 NIC 介面還具備 MAC 網址(ether 的值是 38:de:ad:37:32:0f)。觀察其旗標(<UP,BROADCAST,RUNNING,MULTICAST>),可以看出它運作正常。

要達成同樣目的,更現代化的手法(查詢介面和檢查其狀態)是改用 ip 命令。本章一律採用後面這種方式(輸出經過精簡編排了):

```
$ ip link show
1: lo: <LOOPBACK,UP,LOWER_UP> mtu 65536 qdisc noqueue ❶
    state UNKNOWN mode DEFAULT group default qlen 1000
    link/loopback 00:00:00:00:00:00 brd 00:00:00:00:00:00
2: wlp1s0: <BROADCAST,MULTICAST,UP,LOWER_UP> mtu 1500 qdisc noqueue ❷
    state UP mode DORMANT group default qlen 1000
    link/ether 38:de:ad:37:32:0f brd ff:ff:ff:ff:ff:ff
```

❶ 這是迴繞介面。

❷ 這是筆者的 NIC,其 MAC 位址是 38:de:ad:37:32:0f。注意其名稱(wlp1s0)多少透露了關於介面的一些線索:它是一個無線網路介面(wl),位於 PCI 匯流排 1(p1)的插槽 0(s0)。這種命名邏輯讓我們更容易推敲出介面名稱。但話說回來,如果你有兩張老式網路卡(就說是 eth0 和 eth1 好了),就沒法擔保一旦重新開機、或是新增了網卡,會不會使得 Linux 又將所有介面名稱重新洗牌一次。

不論是 ifconfig 還是 ip link,你可能都會對其中的旗標含意感到好奇,像是 LOWER_IP 或是 MULTICAST 等等;這些在 netdevice 的 man pages 中都有說明 [1]。

---

[1] *https://oreil.ly/OTB7R*

位址解譯協定

所謂的位址解譯協定（Address Resolution Protocol, ARP），會負責把 MAC 位址對應到 IP 位址。你可以將它視為連結層與上一層的橋樑，也就是網際網路層。

來看看它實際運作的樣子：

```
$ arp ❶
Address                HWtype  HWaddress          Flags Mask      Iface
mh9-imac.fritz.box     ether   00:25:4b:9b:64:49  C               wlp1s0
fritz.box              ether   3c:a6:2f:8e:66:b3  C               wlp1s0
```

❶ 用 arp 命令來顯示暫存的 MAC 位址與主機名稱或 IP 位址的對應關係。注意你可以用 arp -n 來抑制主機名稱解析動作，只顯示對應的 IP 位址、而省略 DNS 名稱。

或是用更現代化的命令 ip：

```
$ ip neigh ❶
192.168.178.34 dev wlp1s0 lladdr 00:25:4b:9b:64:49 STALE
192.168.178.1 dev wlp1s0 lladdr 3c:a6:2f:8e:66:b3 REACHABLE
```

❶ 以 ip 命令顯示暫存的 MAC 位址與 IP 位址的對應關係。

若要顯示、設定無線裝置和進行故障排除，你得改用 iw 命令。舉例來說，我知道自己的無線網卡名稱是 wlp1s0，就可以這樣查詢：

```
$ iw dev wlp1s0 info ❶
Interface wlp1s0
        ifindex 2
        wdev 0x1
        addr 38:de:ad:37:32:0f
        ssid FRITZ!Box 7530 QJ ❷
        type managed
        wiphy 0
        channel 5 (2432 MHz), width: 20 MHz, center1: 2432 MHz ❸
        txpower 20.00 dBm
```

❶ 顯示關於無線介面 wlp1s0 的基礎資訊。

❷ 該介面連接的無線網路路由器（請參閱下例）。

❸ 該介面使用的 WiFi 頻段。

此外我還可以蒐集路由器和流量相關的資訊，像這樣：

```
$ iw dev wlp1s0 link ❶
Connected to 74:42:7f:67:ca:b5 (on wlp1s0)
        SSID: FRITZ!Box 7530 QJ
```

```
freq: 2432
RX: 28003606 bytes (45821 packets) ❷
TX: 4993401 bytes (15605 packets)
signal: -67 dBm
tx bitrate: 65.0 MBit/s MCS 6 short GI

bss flags:      short-preamble short-slot-time
dtim period:    1
beacon int:     100
```

❶ 顯示無線介面 wlp1s0 的連線資訊。

❷ 這一行與下一行分別代表發送（TX 代表「傳輸」）和接收（RX）的統計資料，亦即透過該介面送出和收到的位元組數量及封包數量。

我們已經充分了解 TCP/IP 堆疊最底層（即（資料）鏈結層）發生的事了，現在要再往堆疊的上一層走。

網際網路層

TCP/IP 堆疊中從下往上數來的第二層，就是網際網路層，主要負責處理封包路由，把它們從網路上某一部機器一步步轉送到另一部機器上。網際網路層的設計，從一開始便認定現有的網路基礎設施都是不可靠的，亦即其中的參與者（例如網路上的節點或是其間的連線）並非恆久不變。

網際網路層會竭盡一切可能（亦即無法保證相關效能）傳送封包，同時將每個封包視為獨立個體。因此通常是由更高的一層，也就是傳輸層，來處理傳輸可靠性的問題，像是封包傳送順序、重新傳送、或是傳送保證等等。

路由與傳統郵寄的類似之處

各位不妨將網際網路層的位址想像成郵寄地址。郵寄地址係由幾個部分合組而成，從範圍最廣闊的範圍（國家）、一直縮小到街道門牌號碼的程度。

只要有了郵寄地址，我就能從全球任一角落寄一封明信片給你。注意，這裡我不需在意運輸的細節（像是明信片是走海運還是空運、或是確切的寄送路線等等）。我與郵局之間的約定也很簡單：只要我在明信片上寫上正確地址、貼滿足夠的郵資（郵票得買對），郵局就一定會幫我寄到。

同理，網際網路也能透過邏輯位址識別你的機器。

在這一層裡，以邏輯方式主導識別全球各個獨特機器的協定，就是網際網路協定（Internet Protocol, IP），它主要分成兩種，即 IP 第四版（IPv4）和第六版（IPv6）。

IPv4

IPv4 定義了一個長度為 32 個位元的數字，可以在 TCP/IP 通訊過程中用來辨識一部主機、或是一個以端點形式運作的程序。

要寫出一組 IPv4 的位址，辦法之一是將 32 個位元拆成四個段落、每組 8 個位元，以此再以句號區隔，這樣一來，每個 8 位元的區段便可換算成範圍 0 到 255 的十進位數值，稱為一個 *octet*（暗示這個區段正好是 8 個位元）。我們來看一個實際的例子：

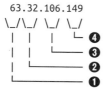

❶ 第一個 octet 的等效二進位值：`00111111`

❷ 第二個 octet 的等效二進位值：`00100000`

❸ 第三個 octet 的等效二進位值：`01101010`

❹ 第四個 octet 的等效二進位值：`10010101`

IP 標頭（如圖 7-3 所示）是依照 RFC 791 和相關的 IETF 規格定義的，其中有數個欄位，但以下我們摘錄其中幾個最重要的欄位，大家應該牢記於心：

來源位址（*32 位元*）

　　發送端的 IP 位址

目標位址（*32 位元*）

　　接收端的 IP 位址

協定（*8 位元*）

　　酬載的類型（亦即來自其上一層的資料類型），這是依照 RFC 790 定義的，如 TCP、UDP、或是 ICMP 等等

存活時間（*Time to live*，簡寫為 *TTL*（*8 位元*））

　　封包允許存活的最長時間

服務類型（8 位元）

可用於服務品質（quality of service, QoS）之目的使用

0								1								2								3							

依據圖示，IP 標頭格式如下：

版本	IHL	服務類型		總長度	
識別			旗標	分段偏移值	
存活時間		協定		標頭查驗值	
來源位址					
目標位址					
選項				補白	

圖 7-3　依據 RFC 791 的 IP 標頭格式

由於網際網路可說是由許多較小型網路合組而成的大型網路，因此將網路位址分成識別網路和識別單一機器的部分，是很自然的事。IP 位址的範圍會分發給各個網路，而這些網路又是由個別的主機相連所構成。

時至今日，無類別域間路由（Classless Inter-Domain Routing, CIDR）是唯一仍合適的 IP 位址分配方式。CIDR 的格式分成兩個部分：

- 前半部代表網路位址。它看起來就像一般的 IP 位址，如 `10.0.0.0`。
- 後半部代表位址範圍中涵蓋多少個位元（亦即 IP 位址），如 `/24`。

因此完整的 CIDR 範圍，其範例看起來是這樣的：

```
10.0.0.0/24
```

在這個例子裡，前 24 個位元（或者說是三個 octets）代表了網路位址，而最後 8 個位元（得自全部 32 個位元減去代表網路部分的 24 個位元）則代表可供 256（即 2 的 8 次方）部主機使用的主機 IP 位址。這段 CIDR 範圍中第一個 IP 位址是 `10.0.0.0`、最後一個則是 `10.0.0.255`。嚴格地說，真正可以用的位址是從 `10.0.0.1` 到 `10.0.0.254`，只有這些位址可以分配給主機，因為 `.0` 和 `.255` 這兩個位址為保留值，另有特殊用途[2]。此外，

2　譯註：一段範圍中的第一個位址，代表整段子網路（用於路由）；而最後一個位址代表該子網路內部的廣播（broadcast）位址，用來向全子網通訊。

我們可以說網路遮罩值為 255.255.255.0，因為用來區隔網路位址部分的前 24 個位元若全部寫成 1，其十進位值的寫法正好是 255.255.255.0。

事實上你不太需要去背誦這裡的數學計算方式[3]。如果你經常需要處理 CIDR 的範圍，自然而然就會記得，但如果你只是尋常使用者，就可能需要工具相助。如果要計算 CIDR 範圍，例如你想知道範圍中有多少 IP 可用，可以利用以下工具：

- 線上版本，像是 *https://cidr.xyz* 和 *https://ipaddressguide.com/cidr*
- 命令列版本的工具，像是 mapcidr 和 cidrchk（得自己裝）

此外還有若干 IPv4 保留位址，值得留意：

127.0.0.0

　　這個子網路是專門留給本地位址的，最主要的是迴繞位址 127.0.0.1。

169.254.0.0/16（169.254.0.0 到 169.254.255.255）

　　這些是所謂的鏈結本地位址，意指到此的封包不應再轉送至網路上的其他位置。有些雲端供應商，像是 Amazon Web Services，便會把這種位址拿來做為特定服務之用（中介資料）。

224.0.0.0/24（224.0.0.0 到 239.255.255.255）

　　這是所謂的群播（multicast）位址。

RFC 1918 定義了所謂的私有 IP 範圍。私有 IP 範圍代表位於其中的 IP 位址不得用於公共網際網路的路由；因此你可以在內部網路（例如公司內部）隨意使用：

- 10.0.0.0 到 10.255.255.255（前綴寫成 10/8）
- 172.16.0.0 到 172.31.255.255（前綴寫成 172.16/12）
- 192.168.0.0 到 192.168.255.255（前綴寫成 192.168/16）

另一個有趣的 IPv4 位址是 0.0.0.0。它屬於不可路由的位址，而且在不同情況下會有不同的涵義及用途，但其中最要緊的一種，是從伺服器的角度來看，這時的 0.0.0.0 代表機器上所有的 IPv4 位址。要代表「在所有可用的 IP 位址上傾聽」這句話、但還不知道有哪些位址之前，以這個位址代表來源是最方便的寫法。

3　譯註：一段範圍中的第一個位址，代表整段子網路（用於路由）；而最後一個位址代表該子網路內部的廣播（broadcast）位址，用來向全子網通訊。

枯燥的理論講得夠多了；我們來看一些真實的例子。先從查詢機器上的 IP 相關內容開始（輸出同樣經過精簡）：

```
$ ip addr show ❶
1: lo: <LOOPBACK,UP,LOWER_UP> mtu 65536 qdisc noqueue
    state UNKNOWN group default qlen 1000
    link/loopback 00:00:00:00:00:00 brd 00:00:00:00:00:00
    inet 127.0.0.1/8 scope host lo ❷
       valid_lft forever preferred_lft forever
    inet6 ::1/128 scope host
       valid_lft forever preferred_lft forever
2: wlp1s0: <BROADCAST,MULTICAST,UP,LOWER_UP> mtu 1500 qdisc
    noqueue state UP group default qlen 1000
    link/ether 38:de:ad:37:32:0f brd ff:ff:ff:ff:ff:ff
    inet 192.168.178.40/24 brd 192.168.178.255 scope global dynamic ❸
    noprefixroute wlp1s0
       valid_lft 863625sec preferred_lft 863625sec
    inet6 fe80::be87:e600:7de7:e08f/64 scope link noprefixroute
       valid_lft forever preferred_lft forever
```

❶ 列出所有介面的位址。

❷ loopback 介面的 IP 位址（不意外地就是 `127.0.0.1`）。

❸ 無線 NIC 的（私有）IP 位址。注意這是一個區域網路中的機器用的局部 IP 位址，由於它位於 `192.168/16` 這個範圍內，故而不得用於公共路由。

IPv4 位址的空間已接近枯竭，但如今網際網路上的端點數量卻早已超過了當年網際網路設計者的想像（例如激增的行動裝置與 IoT 等等），因此我們需要一個更持久的解決方案。

幸好出現了 IPv6 解決方案，它一舉解決了位址耗盡的問題。可惜的是，在本書付梓之前，外界大部分仍未著手轉換成 IPv6，一部分因素是基礎設施，此外也因為缺乏支援 IPv6 的工具。這代表你一時還擺脫不了必須處理 IPv4 及其限制、以及各種補救辦法的窘境。

讓我們來略窺一下未來的光景（希望為期不遠）：IPv6。

IPv6

網際網路協定第 6 版（Internet Protocol version 6, IPv6）採用總長度 128 位元的數字來識別 TCP/IP 通訊的端點。這意味著只要改用 IPv6，我們就能為 10^{38} 台個別機器（裝置）定址，相較於 IPv4，IPv6 改採 16 進位寫法，並將位址拆成 8 組區段、每組長 16 位元，彼此之間則是以冒號區隔（`:`）。

此外還有一些規則可以簡化 IPv6 位址的寫法，例如移除開頭部位的 0，或是將連續段落的 0 壓縮、改以兩個冒號代替（::）。舉例來說，IPv6 的迴繞位址便可簡寫成 ::1（相當於 IPv4 位址的 127.0.0.1）。

IPv6 也跟 IPv4 一樣採用了許多特殊保留位址；範例請參閱 APNIC 的 IPv6 位址類型清單 [4]。

特別要注意的是，IPv4 和 IPv6 並不相容。因此 IPv6 的支援必須深入到每一部具備網路功能的裝置當中，從邊際裝置（例如你的手機）到路由器、到伺服器軟體等等皆然。但是至少在 Linux 的領域裡已經證明，IPv6 的支援已經相當普及。例如我們在 168 頁的「IPv4」小節看過的 ip addr 命令，就已經預設能夠顯示 IPv6 的位址。

網際網路控制訊息協定

RFC 792 文件定義了網際網路控制訊息協定（Internet Control Message Protocol, ICMP），這種協定用來讓低階元件可以送出錯誤訊息、以及可用性之類的操作訊息。

我們用 ping 測試是否可以抵達某網站，看看現實中的 ICMP：

```
$ ping mhausenblas.info
PING mhausenblas.info (185.199.109.153): 56 data bytes
64 bytes from 185.199.109.153: icmp_seq=0 ttl=38 time=23.140 ms
64 bytes from 185.199.109.153: icmp_seq=1 ttl=38 time=23.237 ms
64 bytes from 185.199.109.153: icmp_seq=2 ttl=38 time=23.989 ms
64 bytes from 185.199.109.153: icmp_seq=3 ttl=38 time=24.028 ms
64 bytes from 185.199.109.153: icmp_seq=4 ttl=38 time=24.826 ms
64 bytes from 185.199.109.153: icmp_seq=5 ttl=38 time=23.579 ms
64 bytes from 185.199.109.153: icmp_seq=6 ttl=38 time=22.984 ms
^C
--- mhausenblas.info ping statistics ---
7 packets transmitted, 7 packets received, 0.0% packet loss
round-trip min/avg/max/stddev = 22.984/23.683/24.826/0.599 ms
```

抑或是可以改用 gping，它可以同時間 ping 多個目標，並在命令列描繪出圖表（參見圖 7-4）。

---

4 *https://oreil.ly/isoL1*

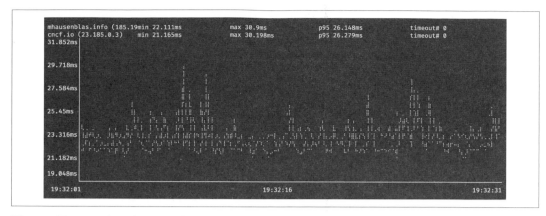

圖 7-4　用 gping 去同時 ping 兩個網站

注意 IPv6 也有等效的工具可用：名字不意外，就叫作 ping6。

路由

Linux 的網路堆疊有一部分的功能跟路由脫不了關係，它會決定每個封包該往哪裡送。
目的地可以是同一部機器上的某個程序、或是另一部機器的 IP 位址。

雖然路由的詳盡實作細節不在本章範圍之內，我們仍會提供一個大略的概覽：iptables
這個使用廣泛的工具，讓你可以任意操控路由表（例如在特定狀況下更改封包路由、或
是實作防火牆功能），利用 netfilter 來解譯和操縱封包。

你應該要知道如何可以查詢和顯示路由資訊，就像這樣：

```
$ sudo route -n ❶
Kernel IP routing table
Destination     Gateway         Genmask         Flags Metric Ref    Use Iface
0.0.0.0         192.168.178.1   0.0.0.0         UG    600    0        0 wlp1s0
169.254.0.0     0.0.0.0         255.255.0.0     U     1000   0        0 wlp1s0
192.168.178.0   0.0.0.0         255.255.255.0   U     600    0        0 wlp1s0
```

❶ 利用 route 命令加上參數 -n，強制以數值 IP 位址來顯示。

以上 route 命令的表格形式輸出，其詳細說明如下：

Destination（目的地）

代表目的地的 IP 位址；0.0.0.0 意指它是不特定的、或是未知的，基本上就是要往
閘道器送的意思。

Gateway（閘道器）

專門處理目的地不屬於同一子網路的封包，亦即閘道器的位址。

Genmask

計算用的子網路遮罩值。

Flags（旗標）

UG 意指目標網路在運作中，而且屬性為閘道器。

Iface（介面）

處理封包時要使用的網路介面。

現代檢視路由的方式，是改用 ip 命令，像這樣：

```
$ sudo ip route
default via 192.168.178.1 dev wlp1s0 proto dhcp metric 600
169.254.0.0/16 dev wlp1s0 scope link metric 1000
192.168.178.0/24 dev wlp1s0 proto kernel scope link src 192.168.178.40 metric 600
```

它是否離線？可以像這樣檢查其連線狀態：

```
$ traceroute mhausenblas.info
traceroute to mhausenblas.info (185.199.108.153), 30 hops max, 60 byte packets
 1  _gateway (192.168.5.2)  1.350 ms  1.306 ms  1.293 ms
```

在 214 頁的「監控」小節裡，我們會再介紹一些與 TCP/IP 有關的故障排除及效能檢測工具。

為完整起見，筆者要略微提一下由 RFC 4271 及其他 IETF 規格定義的邊界閘道器協定（Border Gateway Protocol, BGP）。雖說你不太可能直接操作 BGP（除非你在網路供應商任職、或正好擔任網路管理員），但至少有必要知道這種協定的存在，並對其功能有基本的認識。

臉書在網際網路上消失了

2021 年近尾聲時，我們從新聞報導中見識了 BGP 設定錯誤會有多大的影響。要了解相關歷史紀錄及教訓，請參閱「Understanding How Facebook Disappeared from the Internet」一文（*https://oreil.ly/UTwSk*）。

我們先前曾經說過，網際網路其實是由多個小型網路共組而成的大型網路。在 BGP 的術語裡，網路被稱為是*自主系統*（*autonomous system*，AS）。要讓 IP 路由運作，這些 AS 必須共享它們的路由和抵達所需的資料，並公佈可以跨越網際網路遞送封包的路由資訊。

現在你已經理解網際網路層（亦即位址和路由）的基本運作了，現在讓我們再往上一層看過去。

傳輸層

在這一層裡，主要都是有關於端點間通訊的特性。其中有連線導向的協定、也有非連線導向（connection-less）的協定。可靠性、QoS、以及依序遞送都是需要考量的重點。

在現代的協定設計中（HTTP/3 便是一例），嘗試將一些 TCP 的動態功能合併到較高的通訊層當中。

通訊埠

這一層有一項核心概念，就是通訊埠。不論這一層的哪一種協定，全都需要用到通訊埠。一個通訊埠（*port*）通常就是一個獨特的 16 位元數值，代表某個 IP 位址上的某一種服務。你可以這樣想像：一台機器（也可以是虛擬的）上也許有好幾種服務（請參閱 189 頁的「應用層網路功能」一節）在運作當中，而你需要在該部機器的 IP 上分辨它們。

我們會以下列方式做區分：

眾所周知的通訊埠（從 0 到 1023）

這些是專供 daemons 使用的，像是 SSH 伺服器或網頁伺服器等等。要使用（或者說是繫結，binding to）一個通訊埠，必須升級權限（例如 `root` 或是 `CAP_NET_BIND_SERVICE` 的能力，如同 96 頁的「Capabilities」一節所述）。

登錄通訊埠（從 1024 到 49151）

這些通訊埠係由網際網路編號分配機構（Internet Assigned Numbers Authority, IANA），透過公開文件流程加以管理。

臨時通訊埠（從 49152 到 65535）

這些通訊埠無從登錄。它們可以用作自動分配的臨時通訊埠（例如你的應用程式要連接網頁伺服器時，它也需要自己的通訊埠，作為通訊中的用戶端），或是當作私有（例如公司內部）服務之用。

你可以從 */etc/services* 觀察這些通訊埠和其對應內容，此外如果你不太清楚，還有一份更詳盡的 TCP 與 UDP 通訊埠號清單 [5] 可供參考。

假如你想觀察自己的本地端機器上已使用哪些通訊埠（請勿對他人的機器、或是對非本地端 IP 做這種事）：

```
$ nmap -A localhost ❶

Starting Nmap 7.60 ( https://nmap.org ) at 2021-09-19 14:53 IST
Nmap scan report for localhost (127.0.0.1)
Host is up (0.00025s latency).
Not shown: 999 closed ports
PORT    STATE SERVICE VERSION
631/tcp open  ipp     CUPS 2.2 ❷
| http-methods:
|_  Potentially risky methods: PUT
| http-robots.txt: 1 disallowed entry
|_/
|_http-server-header: CUPS/2.2 IPP/2.1
|_http-title: Home - CUPS 2.2.7

Service detection performed. Please report any incorrect results
at https://nmap.org/submit/ .
Nmap done: 1 IP address (1 host up) scanned in 6.93 seconds
```

❶ 掃描本機的通訊埠。

❷ 發現一個開放的通訊埠 631，它是所謂的網際網路列印協定（Internet Printing Protocol, IPP）在使用的。

對通訊埠有基本認識後，我們現在可以來看看這些通訊埠，是如何運用在各種傳輸層協定上。

---

5 *https://oreil.ly/VBp7N*

傳輸控制協定

傳輸控制協定（*Transmission Control Protocol, TCP*）屬於連線導向的傳輸層協定，多種高階協定皆屬於這一種，包括 HTTP 和 SSH（請參閱 189 頁的「應用層網路功能」一節）。它是以會談為基礎的協定，會保障封包確實依序抵達，也支援在發生錯誤時的重傳機制。

TCP 的標頭（圖 7-5）係由 RFC 793 及相關的 IETF 規格所定義，較重要的欄位如下述：

來源通訊埠（*Source port*）（*16 位元*）

　　發送端使用的通訊埠。

目標通訊埠（*Destination port*）（*16 位元*）

　　接收端使用的通訊埠。

序號（*Sequence number*）（*32 位元*）

　　用於管理循序遞送。

確認序號（*Acknowledgment number*）（*32 位元*）

　　這個序號和 SYN 及 ACK 等旗標，皆為所謂的 *TCP/IP 三向交握*（*TCP/IP threeway handshake*）的核心。

旗標（*Flags*）（*9 位元*）

　　最要緊的就是 SYN（同步）和 ACK（確認）兩種位元組合。

窗口（*Window*）（*16 位元*）

　　接收的窗口大小。

查驗值（*Checksum*）（*16 位元*）

　　TCP 標頭的查驗值，用來檢查錯誤用。

資料（*Data*）

　　真正要傳送的資料內容。

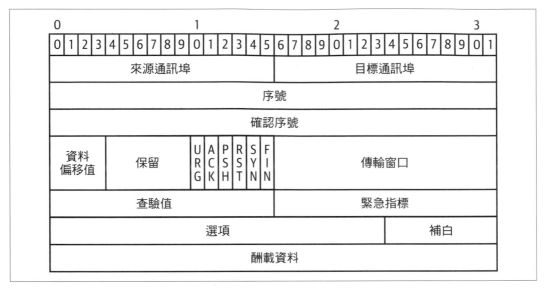

圖 7-5　根據 RFC 793 定義的 TCP 標頭格式

從建立傳輸開始、直到結束傳輸，TCP 都會全程追蹤連線的狀態，收送雙方都必須經常協調各種事物，從傳輸資料量（TCP 窗口大小）到 QoS 都包括在內。

從安全性的角度來看，TCP 是不具備任何防禦機制的。換言之，酬載都是以明文傳送，位於發送和接收端之間的任何人（因為根據設計，中間就是會經過許多次轉送，即俗稱的 hops）都可以攔截封包；至於如何利用 wireshark 和 tshark 來調查酬載內容，詳情請參閱 200 頁的「Wireshark 與 tshark」一節。若要啟用訊息加密，必須仰賴傳輸層加密（Transport Layer Security, TLS）協定，最理想的是依照 RFC 8446 定義的 1.3 版。

現在我們可以繼續介紹最重要的無狀態傳輸層協定了：UDP。

使用者資料包協定

使用者資料包協定（*User Datagram Protocol*, UDP）屬於非連線導向的傳輸層協定，它允許你在無需設置通訊條件的前提下（就像 TCP 的的交握過程那樣），以 UDP 發送俗稱資料包（*datagrams*）的訊息。但是它還是會以資料包查驗值（datagram checksums）的方式來確保資料正確性。此外還有若干應用層協定，像是 NTP 和 DHCP（請參閱 189 頁的「應用層網路功能」一節）、還有 DNS（請參閱 181 頁的「DNS」一節）等協定，都會用到 UDP。

RFC 768 定義了 UDP 的標頭格式，如圖 7-6 所示。其中最要緊的欄位如下述：

來源通訊埠（*Source port*）（*16 位元*）

發送端使用的通訊埠；如果沒有，也可以是 0

目標通訊埠（*Destination port*）（*16 位元*）

接收端使用的通訊埠

長度（*Length*）（*16 位元*）

UDP 標頭加上資料的總長度

查驗值（*Checksum*）（*16 位元*）

必要時可用來檢查錯誤

資料（*Data*）

資料包的酬載

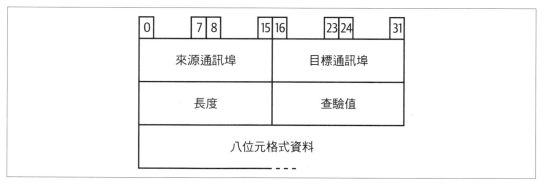

圖 7-6　RFC 768 所定義的 UDP 標頭格式

UDP 是一種十分單純的協定，它必須靠更高層的協定自行處理許多原本 TCP 會處理的動作。話說回來，UDP 的負載極輕，可以達到非常高的吞吐量。它的使用十分簡單；請參閱 UDP 手冊 [6]。

6　*https://oreil.ly/NJiAQ*

Sockets

Linux 提供一種更高階的通訊介面，就是所謂的 *sockets*。你可以將其想像成實際進行通訊的端點，而且具備獨特的識別身份：其實就是一串由 TCP 或 UDP 通訊埠、加上 IP 位址構成的資料。

如果你要開發網路相關的工具或應用程式，也許你只需要跟 sockets 打交道，但你至少也該知道如何查詢相關資訊。以 Docker daemon 為例，你就得知道 socket 所需的權限。

來看看如何以 ss 命令顯示 socket 的相關資訊。

假設我們想知道系統上正在使用的 TCP sockets 概覽：

```
$ ss -s ❶
Total: 913 (kernel 0)
TCP:   10 (estab 4, closed 1, orphaned 0, synrecv 0, timewait 1/0), ports 0 ❷

Transport Total     IP        IPv6 ❸
*         0         -         -
RAW       1         0         1
UDP       10        8         2
TCP       9         8         1
INET      20        16        4
FRAG      0         0         0
```

❶ 利用 ss 命令來查詢通訊埠（參數 -s 會列出摘要）。

❷ TCP 的摘要；整體一共有 10 個 sockets 在使用中。

❸ 更詳盡的概覽，依照類型和 IP 版本分類。

那麼 UDP 又如何呢？我們能否取得類似資訊，也許再加上一點細節，例如端點的 IP 位址？其實用 ss 也一樣能做到（輸出已經過編排）：

```
$ ss -ulp ❶
State    Recv-Q  Send-Q   Local Address:Port        Peer Address:Port
UNCONN   0       0            0.0.0.0:60360          0.0.0.0:*
UNCONN   0       0        127.0.0.53%lo:domain       0.0.0.0:*
UNCONN   0       0            0.0.0.0:bootpc         0.0.0.0:*
UNCONN   0       0            0.0.0.0:ipp            0.0.0.0:*
UNCONN   0       0            0.0.0.0:mdns           0.0.0.0:*
UNCONN   0       0              [::]:mdns              [::]:*
UNCONN   0       0              [::]:38359             [::]:*
```

利用 ss：搭配參數 -u，便可限制只顯示 UDP 的 sockets，參數 -l 則是用來挑出正在傾聽的 sockets，而參數 -p 則還會加上相關程序的資訊（但上例中是沒有的）。

在這種情境下（socket 和程序），另一個有用的工具是 lsof。舉例來說，我們來試試看觀察筆者機器上的 Chrome 正在使用哪些 UDP 的 socket（輸出依舊經過編排）：

```
$ lsof -c chrome -i udp | head -5 ❶
COMMAND   PID USER   FD   TYPE  DEVICE    NODE NAME
chrome   3131  mh9  cwd   DIR     0,5  265463 /proc/5321/fdinfo
chrome   3131  mh9  rtd   DIR     0,5  265463 /proc/5321/fdinfo
chrome   3131  mh9  txt   REG   253,0 3673554 /opt/google/chrome/chrome
chrome   3131  mh9  mem   REG   253,0 3673563 /opt/google/chrome/icudtl.dat
chrome   3131  mh9  mem   REG   253,0 12986737 /usr/lib/locale/locale-archive
```

❶ 以 lsof 加上參數 -c，便可精確地指出程序名稱，同時再以 -i 來限制只觀察 UDP。注意完整的輸出可能會長達幾十行；這也是筆者特意要用管線和 head -5 命令把輸出縮減到只留前五行的緣故。

到此我們已經談過了 TCP/IP 堆疊中較低的三層。由於應用層的牽涉甚廣，筆者刻意只著重其中兩個部分：首先要看一下遍佈全球的命名系統，其次才是幾種應用層（或者說是第七層）協定和應用程式，例如網頁。

DNS

我們已經知道，TCP/IP 堆疊的網際網路層定義了所謂的 IP 位址，其主要功能就是用來識別機器，不論是實體還是虛擬。在 143 頁的「容器」一節當中，我們已經知道要把 IP 位址分派給各個容器。數值形式的 IP 位址有兩大挑戰，不論是 IPv4 或 IPv6 皆然：

- 生而為人，我們向來就慣於記憶名稱、而不擅長記憶（冗長的）數字。舉例來說，如果你要跟朋友分享某個網址，只消說是 *ietf.org*，人家一定記得住，但若變成 IP 位址的 4.31.198.44，事情就難說了。

- 由於網際網路和應用程式建置方式的關係，IP 位址是會經常變動的。在較為傳統的設置方式裡，新伺服器往往會分到新的 IP 位址。而在容器的場合中，你也可能會將它重新安排到不同的宿主機上，這時容器就會自動取得新分配的 IP 位址。

所以說穿了就是，IP 位址既難記、又可能隨時異動，但是名稱（不論是伺服器還是服務）就不會變。這項挑戰從網際網路存在以來就始終存在，甚至從 UNIX 開始支援 TCP/IP 堆疊時就是如此。

因應之道便是在本機端（以單機為例）維護一份名稱與 IP 位址的對應清單，這就是 */etc/hosts* 檔案。網路資訊中心（Network Information Center, NIC）會用 FTP 將 *HOSTS. TXT* 這個檔案分享給網路上所有主機。

但沒多久這種方式就暴露出缺陷了，因為它是集中式管理，跟不上成長飛快的網際網路，因此，在 1980 年代初期設計出了分散式系統。Paul Mockapetris 是架構主任。

新的 DNS 是遍佈全球的階層式命名系統，可供網際網路上的主機和服務使用。雖說相關的 RFCs 非常多，但最原始的 RFC 1034 及其實作指南 RFC 1035 仍為有效，如果你想了解 DNS 背後的動機和設計，筆者鄭重建議大家去讀這兩篇為 DNS 基礎的 RFC。

DNS 用到了多種術語，但以下代表了它的主要概念：

域名空間

這是一個樹狀結構，其根部為 . ，每顆樹上的節點和葉部都含有特定空間的資訊。從葉部一路直到根部的標籤（最長 63 個位元組），便是所謂的**完整網域名稱**（*fully qualified domain name*，FQDN）。舉例來說，*demo.mhausenblas.info.* 便是一個 FQDN，它使用了所謂的頂層網域 *.info*。注意最右側的點字符，亦即域名的根部，常被略掉不寫。

資源紀錄

域名空間中節點或葉部的酬載（請參閱 184 頁的「DNS 紀錄」一節）。

名稱伺服器

泛指握有網域樹架構資訊的伺服器程式。如果名稱伺服器中含有該域名空間的完整資訊，就會被稱為**權威名稱伺服器**（*authoritative name server*）。權威資訊會以區域的方式安排。

解譯者

負責從名稱伺服器析出資訊的程式，藉以回應用戶端的請求。它們位於本機端，而且在解譯者與用戶端之間的互動，並無定義明確的協定。通常都會支援程式庫的呼叫以便解析 DNS。

圖 7-7 展示了完整的 DNS 系統設置，包括使用者的程式、解譯者、以及名稱伺服器等等，皆如同 RFC 1035 所述。在查詢過程中，解譯者會從網域根部開始，一再地查詢權威名稱伺服器（NS），如果它支援的話，甚至可以用遞迴的方式查詢，讓 NS 代理解譯者去向其他 NS 提出查詢。

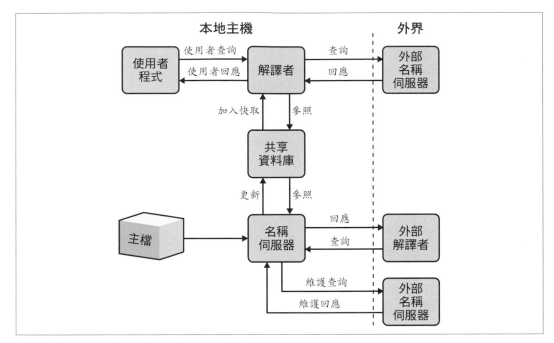

圖 7-7　完整的 DNS 設置示範

 雖然它仍然存在，但在現代化的系統中，已經很少使用 /etc/resolv.conf 中所列的 DNS 解譯者設定了，特別是在已經使用 DHCP（請參閱 199 頁「動態主機設定協定」一節）的情況下。

DNS 是一種階層式的命名系統，其根部位於 13 部根伺服器，它們管理著頂層網域的紀錄。直接位於根網域之下的，則是頂層網域（top-level domains, TLD）：

基礎設施的頂層網域

　　由 IANA 代理 IETF 負責管理，包括像是 *example* 和 *localhost*

一般的頂層網域（*gTLD*）

　　一般的頂層網域都具備三個字以上的名稱，像是 *.org* 或是 *.com*

國碼頂層網域（*ccTLD*）

　　專供國家或地區使用，以兩個字母的 ISO 國碼來命名

有贊助的頂層網域（*sTLD*）

專供建立及實施規範來限制使用頂層網域資格的私人機構，如 *.aero* 和 *.gov*

讓我們來仔細觀察 DNS 的運作，以及實際的運用方式。

DNS 紀錄

名稱伺服器負責管理的紀錄，涵蓋類型、酬載、以及其他像是存活時間（time to live, TTL；逾時便會將記錄移除）之類的欄位。你可以將 FQDN 想像成是節點的地址，而資源紀錄（resource record, RR）便是酬載，亦即節點裡的資料。

DNS 中有好幾種類型的紀錄，包括以下最重要的幾種（依字母順序）：

A 紀錄（*RFC 1035*）和 AAAA 紀錄（*RFC 3596*）

分別代表 IPv4 和 IPv6 的位址紀錄；通常用來將主機名稱對應到主機的 IP 位址。

CNAME 紀錄（*RFC 1035*）

紀錄一個名稱作為另一個名稱的別名。

NS 紀錄（*RFC 1035*）

名稱伺服器紀錄，將 DNS 區域託管給權威伺服器。

PTR 紀錄（*RFC 1035*）

指標紀錄，用來進行反向 DNS 搜尋；相當於 A 紀錄的反向操作。

SRV 紀錄（*RFC 2782*）

服務定位器紀錄。它們屬於通用的尋找機制，而非寫死的內容（例如傳統上以 MX 紀錄類型代表郵件交換那樣）。

TXT 紀錄（*RFC 1035*）

文字紀錄。這些原本是用來作為可供人閱讀的隨意文字，但長久以來它有了新的用法。如今這些紀錄通常會含有供機器閱讀的資料，以便作為與安全相關的 DNS 擴充功能。

此外還有萬用字元（wildcard）紀錄，皆以星號標籤開頭（*）。例如，*.mhausenblas. info* 代表它適用於所有對於不存在名稱的請求。

讓我們來看一下這些紀錄在現實中的樣貌。DNS 紀錄會在區域檔案中以文字形式呈現，以便名稱伺服器（如 bind）讀取，並將內容變成其資料庫的一部分：

```
$ORIGIN example.com.  ❶
$TTL 3600 ❷
@      SOA nse.example.com. nsmaster.example.com. (
                1234567890 ; serial number
                21600      ; refresh after 6 hours
                3600       ; retry after 1 hour
                604800     ; expire after 1 week
                3600 )     ; minimum TTL of 1 hour
example.com.   IN  NS    nse ❸
example.com.   IN  MX    10 mail.example.com. ❹
example.com.   IN  A     1.2.3.4 ❺
nse            IN  A     5.6.7.8 ❻
www            IN  CNAME example.com. ❼
mail           IN  A     9.0.0.9 ❽
```

❶ 此一區域檔案在命名空間中的起點。

❷ 所有資源紀錄（RR）若是沒有自訂 TTL，便以此處預設的逾時期限為準，以秒為單位。

❸ 此網域的名稱伺服器。

❹ 此網域的郵件伺服器。

❺ 此網域中的某一 IPv4 位址。

❻ 名稱伺服器的 IPv4 位址。

❼ 讓 *www.example.com* 成為整個網域，亦即 *example.com* 的別名。

❽ 郵件伺服器的 IPv4 位址。

若把我們到目前為止學到的觀念全都拼湊起來，就不難理解圖 7-8 所顯示的範例了。圖中顯示的是全球網域名稱空間的一部分，以及一個實際的 FQDN 範例，亦即 *demo.mhausenblas.info*：

.info

這是一個由 Afilias 所代管的一般頂層網域（generic TLD）。

mhausenblas.info

筆者自己註冊購買的網域。在這個區域裡，我有權自訂子網域。

demo.mhausenblas.info

筆者基於展示目的而指派的子網域。

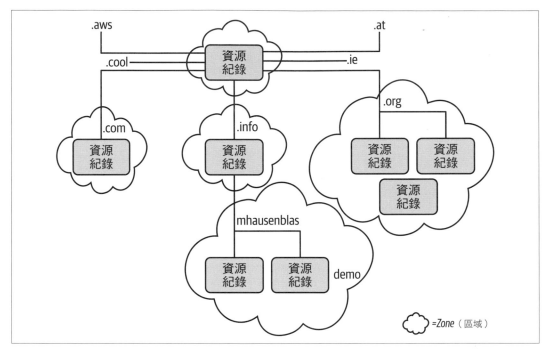

圖 7-8　網域名稱空間和一個示範路徑（FQDN）

如同上例所示，每個機構（Afilias 或我自己）都只需關注自己負責的部分，不需彼此事先溝通。以建立 *demo* 這個子網域為例，我只需在區域內更改 DNS 設定即可，無須請求 Afilias 的任何人來支援或是許可。這般無縫式接軌的做法，便是去中心化特性的重點所在，也是它之所以易於擴展的緣故。

現在我們已經知道網域命名空間的架構、以及其中節點的資訊呈現方式了，接著就來看看如何查詢它們。

DNS 查詢

現在所有的基礎設施，特別是名稱伺服器和解譯者都已就位，讓我們來看看如何進行 DNS 查詢。在評估和建構名稱解析時涉及的邏輯甚多（大部分都涵蓋在 RFC 1034 與 1035 內），但這已經超出本書範圍。讓我們試著在不涉及內部細節的情況下進行查詢看看。

你可以用 host 命令來查詢本地（及全球）的名稱，以便將其解析成 IP 位址，反之亦可：

```
$ host -a localhost ❶
Trying "localhost.fritz.box"
Trying "localhost"
;; ->>HEADER<<- opcode: QUERY, status: NOERROR, id: 49150
;; flags: qr rd ra; QUERY: 1, ANSWER: 2, AUTHORITY: 0, ADDITIONAL: 0

;; QUESTION SECTION:
;localhost.                    IN     ANY

;; ANSWER SECTION:
localhost.             0       IN     A        127.0.0.1
localhost.             0       IN     AAAA     ::1

Received 71 bytes from 127.0.0.53#53 in 0 ms

$ host mhausenblas.info ❷
mhausenblas.info has address 185.199.110.153
mhausenblas.info has address 185.199.109.153
mhausenblas.info has address 185.199.111.153
mhausenblas.info has address 185.199.108.153

$ host 185.199.110.153 ❸
153.110.199.185.in-addr.arpa domain name pointer cdn-185-199-110-153.github.com.
```

❶ 查詢本地的 IP 位址。

❷ 查詢 FQDN。

❸ 反向查詢 IP 位址，以便查出對應的 FQDN；結果看起來是指向 GitHub 的 CDN。

要查詢 DNS 紀錄，更厲害的工具是 dig 命令：

```
$ dig mhausenblas.info ❶
; <<>> DiG 9.10.6 <<>> mhausenblas.info
;; global options: +cmd
;; Got answer:
;; ->>HEADER<<- opcode: QUERY, status: NOERROR, id: 43159
;; flags: qr rd ra; QUERY: 1, ANSWER: 4, AUTHORITY: 2, ADDITIONAL: 5

;; OPT PSEUDOSECTION:
; EDNS: version: 0, flags:; udp: 1232
;; QUESTION SECTION:
;mhausenblas.info.              IN     A

;; ANSWER SECTION: ❷
```

```
mhausenblas.info.        1799      IN     A       185.199.111.153
mhausenblas.info.        1799      IN     A       185.199.108.153
mhausenblas.info.        1799      IN     A       185.199.109.153
mhausenblas.info.        1799      IN     A       185.199.110.153

;; AUTHORITY SECTION: ❸
mhausenblas.info.        1800      IN     NS      dns1.registrar-servers.com.
mhausenblas.info.        1800      IN     NS      dns2.registrar-servers.com.

;; ADDITIONAL SECTION:
dns1.registrar-servers.com. 47950 IN     A       156.154.132.200
dns2.registrar-servers.com. 47950 IN     A       156.154.133.200
dns1.registrar-servers.com. 28066 IN     AAAA    2610:a1:1024::200
dns2.registrar-servers.com. 28066 IN     AAAA    2610:a1:1025::200

;; Query time: 58 msec
;; SERVER: 172.16.173.64#53(172.16.173.64)
;; WHEN: Wed Sep 15 19:22:26 IST 2021
;; MSG SIZE  rcvd: 256
```

❶ 透過 dig 查詢 *mhausenblas.info* 這個 FQDN 的 DNS 紀錄。

❷ DNS 的 A 紀錄。

❸ 權威名稱伺服器。

除了 dig 命令外還有其他替代工具，最為人熟知的是 dog 和 nslookup；請參閱附錄 B。

 你也許老會聽到這一句說詞，就是：「問題都在 DNS」（It's always DNS）。但何以致此？其實這牽涉到故障排除，以及 DNS 其實是一套具備許多動態內容的分散式資料庫這種特性。在處理 DNS 相關的故障問題時，請考慮到紀錄的存活時間（TTL）、以及遍佈四處的快取暫存，從你的應用程式內部、到位於你和名稱伺服器之間的任何一點，都有可能會有快取存在。

在 184 頁的「DNS 紀錄」一節當中，我們提過 SRV 這個紀錄類型，也知道它的功用是一般尋找用的機制。因此我們無須在 RFC 當中為新的服務另訂新的紀錄類型，社群自己便想出了一個一般性的方式來因應任何新出現的服務類型。這個機制由 RFC 2782 描述，它解釋了如何以 SRV 紀錄透過 DNS 來和 IP 位址及服務的通訊埠溝通。

來看一個實際的例子。假設我們想要知道交談服務（準確地說，就是延伸訊息與存在協定（Extensible Messaging and Presence Protocol, XMPP）這項服務）是否存在：

```
$ dig +short _xmpp-client._tcp.gmail.com. SRV ❶
20 0 5222 alt3.xmpp.l.google.com.
5 0 5222 xmpp.l.google.com. ❷
20 0 5222 alt4.xmpp.l.google.com.
20 0 5222 alt2.xmpp.l.google.com.
20 0 5222 alt1.xmpp.l.google.com.
```

❶ 利用 dig 命令搭配 +short 選項，以便只顯示相關的回覆段落。_xmpp-client._tcp 這部分則是 RFC 2782 規定的格式，命令結尾的 SRV 則是指定了我們有意查詢的紀錄類型。

❷ 總共有五個答案。其中一個示範的服務實例運作在 *xmpp.l.google.com:5222* 上，其 TTL 為 5 秒。如果你有使用像是 Jabber 這樣的 XMPP 工具，就可以利用找到的這個位址作為設定輸入用。

現在讀者們已經來到了 DNS 段落的尾聲。我們可以繼續研究其他應用層的協定和工具了。

應用層網路功能

在這個小節裡，我們會專注在使用者空間、或者說是應用層網路協定、工具、以及應用程式。作為終端使用者，你也許大多數的時間都會花在這裡，以瀏覽器或郵件用戶端從事你的日常任務。

網頁

網頁（web）起源於 Tim Berners-Lee 爵士在 1990 年代早期的研發成果，它包含三個核心元件：

統一資源定位符（*Uniform Resource Locators, URL*）

最早由 RFC 1738 和若干改版更新、加上數種相關的 RFC 定義而成。一個 URL 定義了一項網路上資源的身份及位置。這樣的資源可以是一個靜態頁面、或是一個會動態產生內容的程序。

超文字傳輸協定（*Hypertext Transfer Protocol, HTTP*）

HTTP 定義了一套應用層協定，也界定了如何透過 URLs 與既有的網頁內容互動。如 RFC 2616 的 v1.1 版所述，但其實也有更現代化的版本，例如 RFC 7540 定義的 HTTP/2，以及 HTTP/3 的草案（至少在本書付梓前仍是草案）。HTTP 的核心概念包括：

HTTP 方法（https://oreil.ly/FFWuP）

包括用於讀取操作的 GET、以及用於寫入操作的 POST，這些方法共同定義出一套近似 CRUD 的介面。

資源命名（https://oreil.ly/ttnOq）

描述 URL 是如何組成的。

HTTP 狀態碼

2xx 範圍代表成功訊息、3xx 代表被重新轉向、4xx 代表用戶端錯誤、5xx 代表伺服器錯誤。

超文本標記語言（*Hyper Text Markup Language, HTML*）

原本是一份 W3C 規格，但如今 HTML 已經是一份公佈在 WHATWG 的活標準。你可以藉由超文本標記語言定義網頁中的各項元素，像是標頭或是輸入等等。

W3C 與他們的標準

從技術上說，IETF 跟 W3C（全球資訊網協會，World Wide Web Consortium）都並未訂出實質的標準。他們其實是透過社群接受既有實質標準的制式流程來建立標準的。筆者鄭重建議大家去閱讀這些規格，並嘗試理解其中的內容。對筆者而言，筆者在使用及建置網站與應用程式近十年後，才在 2006 年開始認真看待這套標準（當時我參與了 W3C 的工作），而我的收穫相當可觀。

我們來仔細觀察 URIs（一般版本的 URLs）是如何構成的（如 RFC 3986 所述），以及它與 HTTP URLs 的關係：

其元件如下述：

user 與 password（皆為選用）

一開始是用來當成基本認證用的，這些元件不該再繼續使用。相反地，對於 HTTP 你應該使用正確的認證機制，搭配 HTTPS 以達成線上加密的效果。

scheme

指的是 URL scheme，這是一份 IETF 規格，其中定義了 URL 的含意。對於 HTTP 來說，其 scheme 稱為 http，其實是一系列的 HTTP 規格，如 RFC 2616。

authority

階層式命名的部分。對於 HTTP 來說包括：

主機名稱（*Hostname*）

可以是 DNS 的 FQDN、或是一個 IP 位址。

通訊埠（*Port*）

預設為 80（因此 *example.com:80* 和 *example.com* 的意思是一樣的）。

path

一個視 scheme 而定的部分，提供了資訊的進一步細節。

query 與 fragment（皆為選用）

前者會以 **?** 開頭，可用來查詢非階層式資料（例如要表示標籤（tags）或表單（form）的資料時），後者則會以 **#** 開頭，作為次要資源（對於 HTML 而言，可以是一個段落（section））。

如今的網頁已遠比 1990 年代發跡時更為先進，具備多種新技術，像是 JavaScript/ECMAScript 和階層式樣式表（Cascading Style Sheets, CSS）等等，皆被視為網際技術的核心。這些新進的技術中，JavaScript 是用來提供動態用戶端內容的，而 CSS 則是用來做樣式排版的，它們造就了所謂的單頁式（single-page）網頁應用程式。雖說此項題材已經超出本書範圍，但讀者們仍應牢記，掌握基礎知識（URL、HTTP 和 HTML），對於了解事情的運作、和排除可能遇到的問題時，絕對是有益無害的。

現在讓我們從 HTTP 伺服器一端開始來模擬點到點的流程，看一下現實中的網頁規格。

你可以輕易地運作一個簡易的 HTTP 伺服器，它只會提供目錄內容，做法有兩種：利用 Python、或是利用 netcat（nc）[7]。

藉由 Python，為了提供目錄內容，你得這樣做：

```
$ python3 -m http.server ❶
Serving HTTP on :: port 8000 (http://[::]:8000/) ... ❷
::ffff:127.0.0.1 - - [21/Sep/2021 08:53:53] "GET / HTTP/1.1" 200 - ❸
```

7　*https://oreil.ly/AaCJG*

❶ 利用 Python 內建模組 http.server 來提供現行目錄（亦即你啟動該命令時所在的目錄）的內容。

❷ 它確認已經在 8000 號通訊埠準備好服務。亦即你可以在瀏覽器網址輸入 *http://localhost:8000*，就可以從中檢視目錄內容了。

❸ 這顯示的是已有一個 HTTP 請求發給根部（/），也已成功提供內容了（200 HTTP 回應碼）。

 如果你想做出更高階的功能，而不只是提供靜態的目錄內容，請考慮改用更合適的網頁伺服器，例如 NGINX。你可以透過以下命令，用 Docker 執行 NGINX（請參閱 150 頁的「Docker」一節）：

```
$ docker run --name mywebserver \ ❶
            --rm -d \ ❷
            -v  "$PWD":/usr/share/nginx/html:ro \ ❸
            -p 8042:80 \ ❹
            nginx:1.21 ❺
```

❶ 呼叫執行 mywebserver 容器；如果你發出 docker ps 命令，應該就可以看到執行中的容器一一羅列。

❷ --rm 會在離開時將容器移除，而 -d 則會將容器轉變為 daemon（亦即與終端機斷開、在背景端執行）。

❸ 將現行目錄（$PWD）掛載到容器當中，作為 NGINX 來源內容所在的目錄。注意 $PWD 是 bash 處理現行目錄的方式。如果是用 Fish，就要改用 (pwd)。

❹ 讓容器內的 80 號通訊埠對應到主機的 8042 通訊埠。這樣一來你就可以在自家主機上用 *http://localhost:8042* 的方式操作網頁伺服器。

❺ 這是容器映像檔（nginx:1.21），而且已經暗地裡使用了 Docker Hub 作為來源，因為我們並未指定用哪一個登錄所（registry）。

現在來看看如何用 curl 這個既厲害又受歡迎的工具，來操作任何一種 URL，以便取得上例中啟動的網頁伺服器內容（請先確保它仍在執行當中，或是萬一它已經結束、就在另一個會談中再度啟動它）：

```
$ curl localhost:8000
<!DOCTYPE HTML PUBLIC "-//W3C//DTD HTML 4.01//EN"
                      "http://www.w3.org/TR/html4/strict.dtd">
<html>
<head>
<meta http-equiv="Content-Type" content="text/html; charset=utf-8">
<title>Directory listing for /</title>
</head>
<body>
<h1>Directory listing for /</h1>
<hr>
<ul>
<li><a href="app.yaml">app.yaml</a></li>
<li><a href="Dockerfile">Dockerfile</a></li>
<li><a href="example.json">example.json</a></li>
<li><a href="gh-user-info.sh">gh-user-info.sh</a></li>
<li><a href="main.go">main.go</a></li>
<li><a href="script.sh">script.sh</a></li>
<li><a href="test">test</a></li>
</ul>
<hr>
</body>
```

在表 7-1 中,你可以看到若干 curl 常見的有用選項。這裡選擇的依據是筆者以往執行各種任務的歷史經驗,從開發到系統管理都有。

表 7-1　curl 的有用選項

選項	長格式的選項	說明與用法
-v	--verbose	詳盡輸出,用於除錯。
-s	--silent	讓 curl 消音:不要顯示程序的計量或錯誤訊息。
-L	--location	跟隨頁面轉址(3XX 的 HTTP 回應碼)。
-o	--output	依照預設,內容會顯示在 stdout;如果你要將它儲存到檔案裡,就要用這個選項指定。
-m	--max-time	你願意等操作花費的最長時間(以秒計)。
-I	--head	只取出標頭(留意:不是所有的 HTTP 伺服器都支援 HEAD 方法取得路徑)。
-k	--insecure	依照預設,HTTPS 的呼叫會經過驗證。加上這個選項,就會在無法驗證時忽略錯誤。

萬一沒有 curl 可以用,可以退而求其次,改用 wget,它的功能雖然比較陽春,但還是可以應付簡單的 HTTP 相關操作。

Secure Shell

Secure Shell（SSH）是一種加密網路協定，用於在不安全的網路上安全地提供網路服務。舉例來說，你可以用 ssh 來取代 telnet，登入遠端機器，並在（虛擬）機器間安全地移動資料。

我們來看一下現實中的 SSH。筆者已經在雲端配置了一部虛擬機器，其 IP 位址是 63.32.106.149，而使用者名稱則是預設的 ec2-user。要登入這部機器，我可以像下面這樣做（注意輸出已經過編排，而且假設你或他人已經事先在 ~/.ssh/lml.pem 裡建好了身份（credentials））：

```
$ ssh \ ❶
    -i ~/.ssh/lml.pem \ ❷
    ec2-user@63.32.106.149 ❸

...

https://aws.amazon.com/amazon-linux-2/
11 package(s) needed for security, out of 35 available
Run "sudo yum update" to apply all updates.
[ec2-user@ip-172-26-8-138 ~]$ ❹
```

❶ 以 ssh 命令登入遠端機器。

❷ 以身份識別檔案 ~/.ssh/lml.pem 登入，而不是使用密碼。明確地指出所使用的檔案路徑是很好的習慣，不過對本例並非絕對必要，因為檔案其實已經位於預設位置 ~/.ssh 之下。

❸ SSH 的目標主機格式要寫成 username@host。

❹ 一旦完成登入程序，我就能從命令提示看出來，自己已經位於目標機器當中，而且可以像在使用本地機器般操作。

以下是一些通用的 SSH 使用訣竅：

- 如果你運作一套 SSH 伺服器，就等於允許他人以 ssh 登入你的機器，那麼你務必要關閉密碼認證。這會強迫使用者建立一對金鑰，並將公鑰交付給你，這樣你就可以把它放到 ~/.ssh/authorized_keys 檔案裡，允許以密鑰方式登入。

- 利用 ssh -tt 強制進行偽 tty 分配。

- 當你用 ssh 登入機器時，萬一發生顯示問題，就加上 export TERM=xterm。

- 為你的用戶端設定 ssh 會談的逾時值。如果是針對每個使用者設定，通常就是用 ~/.ssh/config 裡的 ServerAliveInterval 和 ServerAliveCountMax 選項，以保持連線可以維持多久不中斷。

- 如果遇上問題，而且你已經排除了金鑰的本地權限問題，那麼就可以在啟動 ssh 時加上 -v 選項，以便觀察檯面下發生的詳細訊息（此外還可以多加幾個 v，像是 -vvv，以便取得更詳盡的除錯資訊）。

SSH 不僅可做為人身直接登入使用，也可以用作其他工具（例如傳檔工具）的底層建置區塊。

檔案傳輸

與網路有關的最常見任務之一，便是傳送檔案。你可以從自己的本機端傳往雲端的伺服器，或是從本地網路上的另一部機器操作。

要從遠端系統複製檔案、或傳往遠端，你可以利用基本工具進行。scp（「secure copy」的簡寫）是透過 SSH 來運作的。由於 scp 預設便是使用 ssh，我們必須確認密碼（最好是用金鑰式認證）是有效可用的。

假設有一部遠端機器，其 IPv4 位址是 63.32.106.149，而我們想從本地端機器複製一個檔案過去：

```
$ scp copyme \ ❶
      ec2-user@63.32.106.149:/home/ec2-user/ ❷
copyme                      100%    0    0.0KB/s    00:00
```

❶ 複製來源是現行目錄下的 copyme 檔案。

❷ 目標是位於遠端機器 63.32.106.149 的 /home/ec2-user/ 目錄。

用 rsync 來同步檔案，要比 scp 來得方便快速。但是在檯面下，rsync 靠的也是 SSH。

來瞧瞧如何用 rsync 把檔案從本機端的 ~/data/ 傳送到 63.32.106.149 的主機端：

```
$ rsync -avz \ ❶
      ~/data/ \ ❷
      mh9@:63.32.106.149: ❸
building file list ... done
./
example.txt

sent 155 bytes  received 48 bytes  135.33 bytes/sec
total size is 10  speedup is 0.05
```

```
$ ssh ec2-user@63.32.106.149 -- ls ❹
example.txt
```

❶ 選項 -a 意指 archive（遞增、保存）、-v 代表要詳細輸出過程訊息，而 -z 代表要做壓縮。

❷ 來源目錄（因為 -a 已經包括 -r 的遞迴效果）。

❸ 目標主機，格式為 user@host。

❹ 驗證資料是否已確實抵達彼端，做法是在遠端主機執行一次 ls。下一行顯示它確實有效，資料的確依序抵達。

如果你不太確定 rsync 會做什麼事，可以在其他選項後面再加上 --dry-run 選項。基本上它會告訴你準備做哪些事，但不會真的進行操作，因此是安全的。

rsync 也是絕佳的目錄備份工具，因為它可以設成只複製曾經異動過或新增的檔案。

 千萬別忘記在主機名稱後面的：字符！如果忘記它，rsync 就會天真地繼續執行，但是把來源和目標都當成是本地端的目錄。也就是說，命令仍會執行無誤，但結果卻不是把檔案複製到遠端機器，而只是把檔案搬到本機的另一個目錄而已。如果你把目標寫成 *user@example.com*（沒加上冒號），它就會被當成是現行目錄下的另一個子目錄，也就是 *user@example.com/*。

最後還要強調你會常遇到的一個使用案例，就是有人要以 Amazon S3 bucket 分享檔案的時候。如欲下載檔案，你可以像下面這樣使用 AWS CLI 裡的 s3 子命令。我們使用位在公用 S3 bucket 裡的 Open Data registry，以其中的資料集為例（輸出已經過精簡）：

```
$ aws s3 sync \ ❶
    s3://commoncrawl/contrib/c4corpus/CC-MAIN-2016-07/ \ ❷
    .\ ❸
    --no-sign-request ❹
download: s3://commoncrawl/contrib/c4corpus/CC-MAIN-2016-07/
Lic_by-nc-nd_Lang_af_NoBoilerplate_true_MinHtml_true-r-00009.seg-00000.warc.gz to
./Lic_by-nc-nd_Lang_af_NoBoilerplate_true_MinHtml_true-r-00009.seg-00000.warc.gz
download: s3://commoncrawl/contrib/c4corpus/CC-MAIN-2016-07/
Lic_by-nc-nd_Lang_bn_NoBoilerplate_true_MinHtml_true-r-00017.seg-00000.warc.gz to
./Lic_by-nc-nd_Lang_bn_NoBoilerplate_true_MinHtml_true-r-00017.seg-00000.warc.gz
download: s3://commoncrawl/contrib/c4corpus/CC-MAIN-2016-07/
Lic_by-nc-nd_Lang_da_NoBoilerplate_true_MinHtml_true-r-00004.seg-00000.warc.gz to
./Lic_by-nc-nd_Lang_da_NoBoilerplate_true_MinHtml_true-r-00004.seg-00000.warc.gz
...
```

❶ 利用 AWS 的 S3 命令來同步位於公用 bucket 的檔案。

❷ 這裡代表來源的 bucket，*s3://commoncrawl*，以及我們想要同步的精確來源路徑。注意：目錄中含有超過 8 GB 的資料，因此如果你不在意頻寬一時堵塞，就儘管測試看看。

❸ 目的地是現行目錄，寫法是一個句號（.）。

❹ 忽略或跳過認證，因為這其實是公開使用的（所以其中的資料亦是公開的）。

RFC 959 定義的檔案傳輸協定（File Transfer Protocol, FTP）仍在使用當中，但我們不鼓勵繼續使用它。不僅僅是因為它天生不安全，也是因為其實已經有更好的替代工具可用之故，像是我們在這個小節已經介紹過的 scp 或 rsync 等等。因此其實已經沒必要再使用 FTP 了。

網路檔案系統

有一種可以從集中位置透過網路分享檔案的工具，不但支援廣泛、也常為人使用，它就是網路檔案系統（network file system, NFS），最早是由昇陽微系統（Sun Microsystems）在 1980 年代早期所研發。它後來根據 RFC 7530 和其他相關的 IETF 規格又進行了多次改版，而且十分穩定。

NFS 伺服器通常都會由雲端供應商或總部 IT 人員專門設置及維護。你只需安裝用戶端（通常透過 nfs-common 這個套件）。然後就可以像下面這樣，從 NFS 伺服器掛載來源目錄：

```
$ sudo mount nfs.example.com:/source_dir /opt/target_mount_dir
```

許多像是 AWS 與 Azure 之類的雲端業者，現在都提供 NFS 作為服務之一了。如果你的應用程式十分渴求大量儲存空間，這不失為一個好辦法，可以讓儲存空間看起來就像是本地附掛的儲存設備一樣。但如果是媒體應用程式，改用網路附掛儲存設備（network-attached storage, NAS）也許是比較合適的做法。

與 Windows 共享

如果你的區域網路上有 Windows 的機器，而且想把其中的資源分享出來，就得用到伺服器訊息區塊（Server Message Block, SMB）這個原本由 IBM 在 1980 年代研發的協定，或是另採微軟所擁有的後繼協定，也就是共用網際網路檔案系統（Common Internet File System, CIFS）。

通常你可以用 Samba 這個 Linux 的標準 Windows 交互操作程式套件，來達到檔案共享的目的。

更進階的網路題材

在這個小節裡，我們要來介紹一些 TCP/IP 堆疊中更進階的網路協定及工具。一般的使用者通常不太會用到它們。但如果你身為開發人員或系統管理員，至少要對它們有所認識。

whois

whois 是 whois 目錄服務的用戶端，你可以用來查詢註冊和使用者資訊。舉例來說，如果你想找出誰是 *ietf.org* 網域背後的所有人（注意你其實可以付費要求網域註冊商不要公開註冊資訊），就可以這樣做：

```
$ whois ietf.org ❶
% IANA WHOIS server
% for more information on IANA, visit http://www.iana.org
% This query returned 1 object

refer:        whois.pir.org

domain:       ORG

organisation: Public Interest Registry (PIR)
address:      11911 Freedom Drive 10th Floor,
address:      Suite 1000
address:      Reston, VA 20190
address:      United States

contact:      administrative
name:         Director of Operations, Compliance and Customer Support
organisation: Public Interest Registry (PIR)
address:      11911 Freedom Drive 10th Floor,
address:      Suite 1000
address:      Reston, VA 20190
address:      United States
phone:        +1 703 889 5778
fax-no:       +1 703 889 5779
e-mail:       ops@pir.org
...
```

❶ 用 whois 查詢相關網域的註冊資訊。

動態主機設置協定（Dynamic Host Configuration Protocol）

動態主機設置協定（Dynamic Host Configuration Protocol, DHCP）（*https://oreil.ly/C8vOE*）是一種可以自動將 IP 位址指派給主機的協定。它屬於 client/server 架構，可以省下手動設定網路裝置的麻煩。

DHCP 伺服器的設置與管理不在本書範圍之內，但讀者們可以自行用 dhcpdump 去掃描 DHCP 封包。要做到這一點，必須先讓區域網路上的裝置連線、並嘗試取得 IP 位址，因此你得耐心等候事情發生（以下輸出已經過精簡）：

```
$ sudo dhcpdump -i wlp1s0 ❶
  TIME: 2021-09-19 17:26:24.115
    IP: 0.0.0.0 (88:cb:87:c9:19:92) > 255.255.255.255 (ff:ff:ff:ff:ff:ff)
    OP: 1 (BOOTPREQUEST)
 HTYPE: 1 (Ethernet)
  HLEN: 6
  HOPS: 0
   XID: 7533fb70
   ...
OPTION:  57 (  2) Maximum DHCP message size 1500
OPTION:  61 (  7) Client-identifier        01:88:cb:87:c9:19:92
OPTION:  50 (  4) Request IP address        192.168.178.42
OPTION:  51 (  4) IP address leasetime      7776000 (12w6d)
OPTION:  12 ( 15) Host name                 MichaelminiiPad
   ...
```

❶ 利用 dhcpdump 來捕捉通過 wlp1s0 介面的 DHCP 封包。

網路校時協定

網路校時協定（Network Time Protocol, NTP）可以透過網路同步電腦的時鐘。舉例來說，透過 ntpq 命令（*https://oreil.ly/0JxbJ*）這個標準的 NTP 查詢程式，就可以像這樣進行時間伺服器的查詢：

```
$ ntpq -p ❶
     remote         refid      st t when poll reach   delay   offset  jitter
==============================================================================
 0.ubuntu.pool.n .POOL.          16 p    -   64    0   0.000   0.000   0.000
 1.ubuntu.pool.n .POOL.          16 p    -   64    0   0.000   0.000   0.000
 2.ubuntu.pool.n .POOL.          16 p    -   64    0   0.000   0.000   0.000
 3.ubuntu.pool.n .POOL.          16 p    -   64    0   0.000   0.000   0.000
 ntp.ubuntu.com  .POOL.          16 p    -   64    0   0.000   0.000   0.000
 ...
 ntp17.kashra-se 90.187.148.77    2 u    7   64    1  27.482  -3.451   2.285
 golem.canonical 17.253.34.123    2 u   13   64    1  20.338   0.057   0.000
```

```
chilipepper.can 17.253.34.123     2 u   12   64   1   19.117   -0.439   0.000
alphyn.canonica 140.203.204.77    2 u   14   64   1   91.462   -0.356   0.000
pugot.canonical 145.238.203.14    2 u   13   64   1   20.788    0.226   0.000
```

❶ 搭配選項 -p，就可以列出這部機器所知的校時對象及其狀態。

通常 NTP 都是在背景端運作的，並由 systemd 及其他的 daemons 管理，因此你不太需要手動查詢。

Wireshark 和 tshark

如果你想要進行低階的網路流量分析（像是觀察行經堆疊中的封包原貌），可以利用命令列工具 tshark、或是 GUI 版本的 wireshark 做到。

舉例來說，藉由以 ip link 得知有一張名為 wlp1s0 的網路介面後，我就可以在此捕捉流量（輸出已經過精簡）：

```
$ sudo tshark -i wlp1s0 tcp ❶
Running as user "root" and group "root". This could be dangerous.
Capturing on 'wlp1s0'
    1 0.000000000 192.168.178.40 → 34.196.251.55 TCP 66 47618 → 443
    [ACK] Seq=1 Ack=1 Win=501 Len=0 TSval=3796364053 TSecr=153122458
    2 0.111215098 34.196.251.55 → 192.168.178.40 TCP 66
    [TCP ACKed unseen segment] 443 → 47618 [ACK] Seq=1 Ack=2 Win=283
    Len=0 TSval=153167579 TSecr=3796227866
    ...
    8 7.712741925 192.168.178.40 → 185.199.109.153 HTTP 146 GET / HTTP/1.1 ❷
    9 7.776535946 185.199.109.153 → 192.168.178.40 TCP 66 80 → 42000 [ACK]
    Seq=1 Ack=81 Win=144896 Len=0 TSval=2759410860 TSecr=4258870662
   10 7.878721682 185.199.109.153 → 192.168.178.40 TCP 2946 HTTP/1.1 200 OK
   [TCP segment of a reassembled PDU]
   11 7.878722366 185.199.109.153 → 192.168.178.40 TCP 2946 80 → 42000
   [PSH, ACK] Seq=2881 Ack=81 Win=144896 Len=2880 TSval=2759410966 \
   TSecr=4258870662
   [TCP segment of a reassembled PDU]
   ...
```

❶ 用 tshark 捕捉網路介面 wlp1s0 上的網路流量，而且只以 TCP 流量為主。

❷ 筆者在另一個會談中故意下達了 curl 命令，以便觸發一段 HTTP 會談，這樣一來就會展開應用層互動。你也可以用 tcpdump 來執行任務，它較陽春，卻更容易取得。

其他進階工具

此外還有一些相當有用的進階網路相關工具，包括以下幾種：

socat（*https://oreil.ly/R4Upv*）

　　建立兩個雙向位元組串流，並在端點間傳送資料。

geoiplookup（*https://oreil.ly/huZpl*）

　　你可以找出 IP 和地理區域的對應關係。

Tunnels

　　這是一種 VPN 及其他站對站（site-to-site）網路解決方案的簡易替代方案。以 inlets（*https://docs.inlets.dev*）這樣的工具就能啟用。

BitTorrent

　　這是一種對等的點對點（peer-to-peer）系統，會將檔案拆成小小的單元，稱為 *torrent*。請檢視若干用戶端，看看它是否已經在你的工具箱中。

結論

本章定義了常見的網路術語，從 NIC 之類的硬體層級，直到 TCP/IP 堆疊，以及應用層之類使用者導向的元件，像是 HTTP 等等。

Linux 提供的 TCP/IP 堆疊，其功能強大、又是依標準實作，讓你既可以用程式化的方式運用（例如 sockets），也可以直接用來設置和查詢（例如透過 ip 命令）。

我們還進一步探討了應用層協定和介面，它們構成了大部分日常（與網路相關的）資料流。相關的命令列工具包括了傳輸用的 curl、以及 DNS 查詢用的 dig。

如果你還想深入網路相關題材，請參閱以下資源：

TCP/IP 堆疊

- Christian Benvenuti 所著的《*Understanding Linux Network Internals*》（O'Reilly）
- 「A Protocol for Packet Network Intercommunication」（*https://oreil.ly/wRxdI*）
- 「DHCP server setup webpage」（*https://oreil.ly/S6ZFJ*）
- 「Hello IPv6: A Minimal Tutorial for IPv4 Users」（*https://oreil.ly/DPgZc*）

- 「Understanding IPv6—7 Part Series」(*https://oreil.ly/91jkO*)

- Johannes Weber 的 IPv6 文集(*https://oreil.ly/MUcxG*)

- Iljitsch van Beijnum 的 BGP 專家網站(*https://oreil.ly/K47dS*)

- 「Everything You Ever Wanted to Know About UDP Sockets but Were Afraid to Ask」(*https://oreil.ly/CCrfA*)

DNS

- 「An Introduction to DNS Terminology, Components, and Concepts」(*https://oreil.ly/K31GM*)

- 「How to Install and Configure DNS Server in Linux」(*https://oreil.ly/eKdtK*)

- 「Anatomy of a Linux DNS Lookup」(*https://oreil.ly/KkVSf*)

- 「TLDs—Putting the *.fun* in the Top of the DNS」(*https://oreil.ly/qwRTx*)

應用層與進階網路功能

- 「SSH Tunneling Explained」(*https://oreil.ly/3yhlV*)

- *Everything curl*(*https://oreil.ly/OzB6P*)

- 「What Is DHCP and How to Configure DHCP Server in Linux」(*https://oreil.ly/hrLpo*)

- 「How to Install and Configure Linux NTP Server and Client」(*https://oreil.ly/kHZhw*)

- NFS wiki(*https://oreil.ly/IOS4b*)

- 「Use Wireshark at the Linux Command Line with Tshark」(*https://oreil.ly/1ttt0*)

- 「Getting Started with socat」(*https://oreil.ly/LWXCj*)

- 「Geomapping Network Traffic」(*https://oreil.ly/TAd0b*)

現在我們可以進展到本書的下一個章節了:以可觀測性(observability)避免盲目飛行。

## 第八章

可觀測性

你需要能夠看透堆疊運作的能力，從核心到面對使用者的部分皆然。通常你必須先知道任務所需的正確工具，才能獲得必要的透視能力。

本章就是在探討如何取得和運用 Linux 及其應用程式所發出的各種訊號，以便做出明確的決策。舉例來說，你會知道如何進行下列動作：

- 找出一個程序消耗多少記憶體

- 了解磁碟空間多快會耗盡

- 基於安全因素，要對某個自訂事件示警

為了建立共通的語彙起見，我們要先檢視你會遇到的各種訊號類型，像是系統或應用程式的日誌、讀數、以及程序的追蹤資訊等等。我們還要了解如何進行故障排除、並測量效能。接著會特別專注在日誌上，檢視其中各種選項及語意。然後我們會談到監控不同的資源類型，像是 CPU 時脈、記憶體、或是 I/O 流量等等。我們還要檢視你可以用到的各種工具，並展示你也許會想採用的點對點設置。

各位將會學到，所謂可觀測性常是被動的。例如你得等到某件事物當掉或執行遲緩，才會開始觀察程序和它們的 CPU 或記憶體使用狀況、或是鑽研日誌紀錄。但也有些時候，可觀測性也帶有調查的性質（例如你想找出特定演算法需要花多長時間）。最後，你也可以利用預知型的（而非被動的）可觀測性。例如你可以針對未來某種狀況發出預警，推斷目前的行為（可預測負載的磁碟用量便是一個好例子）。

關於可觀測性，最好的圖形化一覽可能要算是效能大師 Brendan Gregg 所製作的。圖 8-1 便是引用自他的 Linux Performance 網站 [1]，它讓你領略到這個題材會涉及多少動態內容、以及有哪些工具可用。

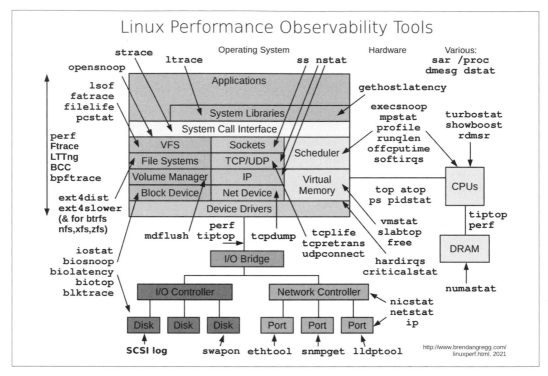

圖 8-1　Linux 可觀測性一覽。引用自：Brendan Gregg（依據 CC BYSA 4.0 授權公開）

可觀測性是一項極為精彩的題材，有很多案例及大量的（開放原始碼）工具可以引用，因此讓我們先把策略建立起來，並看看有哪些常用術語。

基礎

在我們開始說明可觀測性的術語之前，先放慢步調，看看如何將資訊轉換為可資行動的見解，並據以修復問題、或是以結構化的方式將應用程式最佳化。

1　*https://oreil.ly/KlzQP*

可觀測性的策略

最常用來建立的可觀測性策略,就是所謂的 OODA 循環(觀察→定向→決策→行動,observe-orient-decide-act)。它提供了一種結構化的方式,以便測試基於觀察到的資料所做出的假設、進而採取因應行動,也就是從訊號中得出可資行動見解的方式。

舉例來說,假設有一個應用程式反應遲緩。我們進一步假設有好幾種原因可能致此(記憶體不足、CPU 時脈太低、網路 I/O 不充裕等等)。首先你要能測量每種資源的消耗量。然後你才能一個個地調整資源配置(但更改時要確保其他的值不變),接著測試其效果。

在你為應用程式提供更多記憶體後,效能是否有所改善?如果有,那麼你可能就找到原因了。如果不行,你就繼續修改另一項資源,但是一定也要隨同測試消耗狀況,並嘗試將觀察到狀況所受的影響和異動關聯起來。

術語

在可觀測性的領域裡有很多術語[2],而且不是全部都有正式的定義。此外,其含義可能會因為你觀察的是單一機器或網路式(分散式)配置而稍有變化:

可觀測性

代表藉由測量外部資訊來診斷系統(例如 Linux)的內部狀態,通常還會加上因應的行動做為目標。舉例來說,假設你注意到自己的系統反應遲緩,也測量了還有多少主記憶體可用,也許你就會發覺某個應用程式耗盡了所有記憶體,於是你就會決定要終止該程序、以便糾正這個問題。

訊號類型

泛指各種呈現和發出系統狀態相關資訊的方式,可以是符號式的(酬載為文字,例如日誌)、或是數值式的(例如讀數)、或是兩者綜合。請參閱 206 頁的「訊號類型」一節。

來源

指產生上述訊號的來源,也可能會有多種類型。來源可以是 Linux 作業系統、或是某個應用程式。

2　**可觀測性** *observability* 有時也會被縮寫成 *o11y*,因為首字母 *o* 和末字母 *y* 之間剛好有 11 個字母。

目標

代表你要在何處接收、儲存和進一步處理上述的訊號。具有使用者介面（GUI、TUI 或 CLI）的目標，我們稱之為前端（*frontend*）。舉例來說，日誌檢視工具或是儀表板繪製的時序圖便屬於前端，而 S3 bucket 則不是（但它仍舊可算是日誌的發送目標）。

遙測（*Telemetry*）

從來源析出訊號，再把訊號傳送（或者說是繞送、運送）到目標的過程，通常需要藉助於代理程式來蒐集和 / 或預先處理訊號（例如過濾或取樣）。

訊號類型

訊號（*signals*）指的是如何傳達系統狀態，以便進一步做處理或解譯。總體來說，訊號不外文字酬載（最適合人為搜尋和解譯）及數值酬載（適於機器處理、或處理後供人為判讀）。本章探討內容相關的基本常用訊號類型有三種：日誌；讀數和追蹤。

日誌

日誌（*logs*）是每種系統多少都會產生的基礎訊號類型。日誌紀錄的是個別事件，以文字酬載呈現，用意在於方便人為判讀。通常事件都會帶有時間戳記。理想上，日誌都會以結構化方式編排，因此日誌中每筆訊息的各部分都會有明確的涵義。這類涵義便可以透過正式的架構加以呈現，以便自動進行驗證。

有趣的是，雖然各種日誌都多少具備某種架構（雖說編排也許不佳、或是因分隔字符或分界線而難以剖析），你還是會聽到所謂的結構化日誌（*structured logging*）一詞。當人們這樣說時，所指的通常是採用 JSON 結構的日誌。

雖說自動剖析日誌內容並非易事（基於其文字本質），日誌對人們仍然是非常有用的，因此未來它們可能仍會是主要的訊號類型。我們會在 207 頁的「日誌紀錄」一節中深入探討日誌處理。日誌既然是最重要的訊號類型（以我們的觀點而言），因此本章自然會花最多的篇幅來說明它。

讀數

讀數（*metrics*）意指（通常）經過取樣的數值資料，並依時序呈現。個別的讀數資料還可以搭配座標形式、或是用於識別中介資料。正常來說我們不會直接使用原始的讀數；而是利用某種總結或圖形方式呈現，或是在滿足特定狀況的時候收到通知。對於操作任務、或是在故障排除時需要知道一個應用程式完成了多少筆交易、或是特定操作花了多少時間完成（在過去的 X 分鐘內）等問題的答案時，讀數都十分有用。

我們會將讀數區分成這幾種：

計數器（*Counter*）

計數器的值只能遞增（除非重設歸零）。計數器讀數的範例包括：某一服務所處理的請求總數、或是某個介面在一段時間內傳送的位元組數量等等。

儀表（*Gauges*）

儀表測得的讀數值可以有高有低。舉例來說，你在測量現有的主記憶體總量、或是有多少個程序正在運行等等。

統計分析圖（*Histograms*）

一種可以建立數值分佈模式的複雜方式。利用比例計算，統計分析圖讓你便於評估整體資料的分佈結構。它們也便於讓你做出更有彈性的敘述方式（例如有 50% 或 90% 的值落在特定範圍內）。

在 214 頁的「監控」小節裡，我們會再觀察一些適於簡單運用案例的工具，而 224 頁的「Prometheus 與 Grafana」一節會介紹更為高階的讀數設置範例。

追蹤

追蹤 *Traces* 屬於動態蒐集執行期間資訊（例如某個程序使用了什麼 syscalls、或是核心中因某種緣故發生的事件順序等資訊）。追蹤不只常用在除錯、也常用於效能評估。稍後在 222 頁的「追蹤與側錄」一節中會再說明這項進階題材。

日誌紀錄

如前所述，日誌是帶有文字酬載的個別事件（構成的的集合），最適合人為閱讀。讓我們一一說明上面這句陳述：

個別事件

請想像一個程式碼儲存庫裡的個別事件。你想把程式碼中發生的訊息,以(仔細的)日誌紀錄分享出來。例如你發出一行日誌紀錄,指出已經成功地建立了資料庫連線。另一筆日誌紀錄則可能是因為某個檔案從缺,而註記了一筆錯誤。請將每筆日誌訊息紀錄的事件範圍儘量縮小、並保持精確的敘述,這樣閱讀訊息的人才容易消化、並找出程式碼中對應的位置。

文字化酬載

日誌訊息的酬載,其實具備文字化的本質。日誌的預設接收對象是人。換言之,不論你是用命令列的日誌檢視工具,還是具備視覺化 UI 的花俏日誌處理系統,人都必須自行閱讀和解譯日誌訊息的內容,並決定要採取何種因應行動。

從結構化的角度來說,一筆日誌紀錄會由以下部分構成:

日誌項目、訊息行的集合

含有個別事件的資訊。

中介資料或背景資訊

可以按照各筆訊息或是全域範圍(例如整個日誌檔案)呈現。

個別日誌訊息可供解譯的格式

定義日誌中的各個部分和涵義。例如以行列呈現每筆訊息、或是以空格區隔訊息、或是採用 JSON 文件架構。

在表 8-1 中,你可以看到幾種常見的日誌格式。坊間的格式及框架種類繁多(正確地說,是適用範圍更小,像是資料庫或程式語言專用的)。

表 8-1　常見日誌格式

格式	說明
常用事件格式(*https://oreil.ly/rHBWs*)	由 ArcSight 開發;專供裝置及安全運用案例使用
常用日誌格式(*https://oreil.ly/Da7uC*)	適於網頁伺服器;請參閱 extended log format
Graylog 延伸日誌格式(*https://oreil.ly/6MBHm*)	由 Graylog 研發;改良了 Syslog
Syslog	適於作業系統、應用程式、裝置等等;請參閱 211 頁的「Syslog」一節
嵌入式讀數格式(*https://oreil.ly/LeXhe*)	由 Amazon 研發(日誌和讀數皆通用)

從良好的實務做法來說，應該避免在日誌上消耗過多資源（要便於快速搜尋和保持低資料量，亦即不要消耗過多磁碟空間）。也就是說應該運用 logrotate 之類的日誌輪替（log rotation）工具。另外一個更進階的概念或許也很有用，就是**資料溫度**（*data temperature*），它會將較舊的日誌檔移往較便宜、速度也較慢的儲存裝置（如外掛磁碟、S3 bucket、Glacier 等等）。

關於日誌資訊，尤其是在正式環境當中，有件事你必須特別謹慎。每當你在應用程式中要發出一行日誌訊息時，請自忖是否可能不慎洩漏敏感性資訊。這類資訊包括密碼、API 金鑰、或甚至只是單純的使用者識別資訊（電郵信箱、帳號 ID 等等）。

問題在於日誌常會以永久形式保存（例如本地磁碟或是在雲端的 S3 bucket 之類）。亦即在程序已經結束很久以後，某人還是可能取得敏感性資訊、並藉以發動進攻。

為了標示某筆日誌項目的重要性等級，或是預期要通知的目標對象，日誌常會定義等級（例如 DEBUG 是供開發參考的，INFO 是正常狀態，ERROR 則是意料外的狀況，也許需要人為介入）。

現在該來動手嘗試一下了：我們先從簡單的開始作為概覽，來看一下 Linux 的中央日誌目錄（輸出已因便於閱讀而簡化）：

```
$ ls -al /var/log
drwxrwxr-x   8 root      syslog            4096 Jul 13 06:16 .
drwxr-xr-x  13 root      root              4096 Jun  3 07:52 ..
drwxr-xr-x   2 root      root              4096 Jul 12 11:38 apt/      ❶
-rw-r-----   1 syslog    adm               7319 Jul 13 07:17 auth.log  ❷
-rw-rw----   1 root      utmp              1536 Sep 21 14:07 btmp      ❸
drwxr-xr-x   2 root      root              4096 Sep 26 08:35 cups/     ❹
-rw-r--r--   1 root      root             28896 Sep 21 16:59 dpkg.log  ❺
-rw-r-----   1 root      adm              51166 Jul 13 06:16 dmesg     ❻
drwxrwxr-x   2 root      root              4096 Jan 24  2021 installer/ ❼
drwxr-sr-x+  3 root      systemd-journal   4096 Jan 24  2021 journal/  ❽
-rw-r-----   1 syslog    adm               4437 Sep 26 13:30 kern.log  ❾
-rw-rw-r--   1 root      utmp            292584 Sep 21 15:01 lastlog   ❿
drwxr-xr-x   2 ntp       ntp               4096 Aug 18  2020 ntpstats/ ⓫
-rw-r-----   1 syslog    adm             549081 Jul 13 07:57 syslog    ⓬
```

❶ apt 套件管理工具相關日誌

❷ 所有嘗試登入的日誌紀錄（不論成功或失敗）及認證過程

❸ 失敗的登入嘗試

❹ 列印相關日誌

❺ dpkg 套件管理工具相關日誌

❻ 裝置驅動程式日誌；利用 dmesg 來檢視

❼ 系統安裝日誌（當 Linux 發行版一開始安裝時）

❽ journalctl 的位置；詳情請參閱 212 頁的「journalctl」一節

❾ 核心日誌

❿ 所有使用者的最新登入紀錄；利用 lastlog 來檢視

⓫ NTP 相關日誌（請參閱 199 頁的「網路校時協定」一節）

⓬ syslogd 的位置；詳情請參閱 211 頁的「Syslog」一節

另一種常見的日誌使用方式，是即時觀看（亦即一發生就會看到），亦即**跟蹤日誌**（*follow logs*）；換言之，你是緊盯日誌檔尾端，看著新的日誌紀錄被放進來（已經過縮排編輯）：

```
$ tail -f /var/log/syslog ❶
Sep 26 15:06:41 starlite nm-applet[31555]: ... 'GTK_IS_WIDGET (widget)' failed
Sep 26 15:06:41 starlite nm-dispatcher: ... new request (3 scripts)
Sep 26 15:06:41 starlite systemd[1]: Starting PackageKit Daemon...
Sep 26 15:06:41 starlite nm-dispatcher: ... start running ordered scripts...
Sep 26 15:06:42 starlite PackageKit: daemon start ❷
^C
```

❶ 以選項 -f 跟蹤 syslogd 程序的日誌。

❷ 一行示範；格式請參閱 211 頁的「Syslog」一節。

如果你想觀看一邊觀看程序本身的輸出、同時還要將輸出寫入到檔案，請利用 tee 命令：

```
$ someprocess | tee -a some.log
```

現在你可以在終端機上看得到 someprocess 的輸出了，而且輸出也會在同時間被寫到 *some.log* 檔案裡。注意我們加上了選項 -a，確保內容是被附加到檔案尾端，不然原有資料會被蓋掉。

現在我們可以來看看兩種最常用到的 Linux 日誌紀錄系統了。

Syslog

Syslog 是多種訊息來源的日誌紀錄標準，從核心、daemons 到使用者空間都涵蓋在內。它起源於網路化的環境，如今其協定包括了 RFC 5424 所定義的文字化格式，也加上了部署的場合和安全性考量。圖 8-2 便顯示了 Syslog 的高階格式，但也請注意，其中有許多鮮少使用的選用欄位。

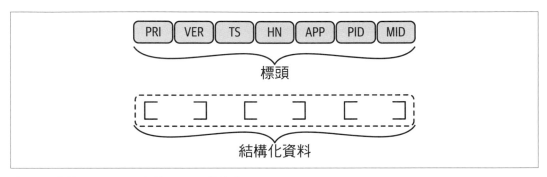

圖 8-2　根據 RFC 5424 定義 Syslog 的格式

RFC 5424 所定義的 Syslog 格式擁有以下標頭欄位（其中 TS 和 HN 最常使用）：

PRI

　　訊息所屬的設施 / 嚴重等級

VER

　　Syslog 的協定版本（通常被忽略，因為只有 1 這個版本）

TS

　　含有訊息產生時的時間資訊，採用 ISO 8601 格式

HN

　　識別發出訊息的機器

APP

　　識別發出訊息的應用程式（或裝置）

PID

　　識別發出訊息的程序

MID

選用的訊息 ID 欄位

格式中同時包含**結構化資料**（*structured data*），亦即酬載會放在結構化的（以成對鍵 / 值為主）清單中，每個元素皆以 [ ] 包覆。

通常我們會以 syslogd 這個二進位執行檔來處理日誌的管理。長久以來，也出現了其他的替代選項，你應該要略有所知：

syslog-ng（*https://oreil.ly/qETe9*）

改良版本的日誌 daemon，可以直接用來取代 syslogd，而且它還額外支援 TLS、內容過濾、以及直接記錄到資料庫（如 PostgreSQL 和 MongoDB）等功能。它問世於 1990 年代晚期。

rsyslog（*https://oreil.ly/QDPmv*）

延伸了原有的 Syslog 協定，也可以搭配 systemd 使用。2004 年問世。

儘管已經問世多年，Syslog 系列的協定及工具仍然隨處可見、而且廣為使用。此外，隨著 systemd 已經成為 init 系統的實質標準，並運用在所有主流的 Linux 發行版當中，出現了一種新型態的日誌紀錄：也就是 systemd 的 journal（同樣譯為日誌，這裡以原文稱之）。

journalctl

在 130 頁的「systemd」一節中，我們約略提到了這個同為 systemd 生態圈一部分的元件，主要負責日誌管理的 journalctl。與 Syslog 及其他我們至今使用過的系統相較，journalctl 則是改採二進位格式來儲存日誌項目。如此可以加快存取速度，儲存效率也較好。

上述的二進位儲存格式在初問世時確實招致了一些譏評，因為人們再也無法以慣用的 tail、cat 及 grep 等命令來檢視和搜尋日誌。話雖如此，雖說人們在使用 journalctl 時必須適應新的日誌互動方式，但它其實也不難學。

來看一些常見的任務。如果你執行 journalctl 時不加參數，它就會呈現互動式換頁畫面（你可以用方向鍵或空格鍵捲動畫面、或是按 q 離開），讓你觀看所有日誌。

為了只顯示特定時間範圍內的日誌，你可以這樣做：

```
$ journalctl --since "3 hours ago" ❶
```

```
$ journalctl --since "2021-09-26 15:30:00" --until "2021-09-26 18:30:00" ❷
```

❶ 將事件發生的時間範圍限制在過去三小時內。

❷ 另一種限制時間範圍的做法，明確指出頭尾始終的時間點。

你還可以像下面這樣將輸出限制在特定的 systemd 單元（假設有一個名為 abc.service 的服務）：

```
$ journalctl -u abc.service
```

 journalctl 工具還有一種厲害的方式，可以安排日誌項目的輸出格式。只需加上 --output（或簡寫成 -o）參數，你就可以針對特定的使用案例重新將輸出最佳化。常用的引數值如下：

cat
　　簡短格式，沒有時間戳記或來源

short
　　預設格式，模擬 Syslog 的輸出

json
　　每行皆為一筆 JSON 格式的紀錄（便於自動化處理）

你也可以像先前用 tail -f 那樣，追蹤日誌進度：

```
$ journalctl -f
```

讓我們把先前至今學到的資訊兜起來，用一個實例來展示。假設你要重新啟動 Linux 中的一個安全性元件，而且是由 systemd: 管理的 AppArmor。你就可以在一個終端機中用 systemctl restart apparmor 重啟服務，再於另一個終端機中執行以下命令（輸出已經過編排；實際的輸出會以一行顯示一筆日誌項目）：

```
$ journalctl -f -u apparmor.service ❶
-- Logs begin at Sun 2021-01-24 14:36:30 GMT. --
Sep 26 17:10:02 starlite apparmor[13883]: All profile caches have been cleared,
                                          but no profiles have been unloaded.
Sep 26 17:10:02 starlite apparmor[13883]: Unloading profiles will leave already
                                          running processes permanently
...
Sep 26 17:10:02 starlite systemd[1]: Stopped AppArmor initialization.
```

```
Sep 26 17:10:02 starlite systemd[1]: Starting AppArmor initialization... ❷
Sep 26 17:10:02 starlite apparmor[13904]:  * Starting AppArmor profiles
Sep 26 17:10:03 starlite apparmor[13904]: Skipping profile in
                                /etc/apparmor.d/disable: usr.sbin.rsyslogd
Sep 26 17:10:09 starlite apparmor[13904]:    ...done.
Sep 26 17:10:09 starlite systemd[1]: Started AppArmor initialization.
```

❶ 跟蹤 AppArmor 服務的日誌。

❷ 在 systemd 停止該服務後，這裡可以看到服務再次恢復。

現在我們可以結束日誌的部分，繼續進行下一個主題：讀數的數值和監控的相關題材。

監控

監控（*monitoring*）意指基於各種緣由而蒐集系統與應用程式的讀數。舉例來說，你也許想知道某件事花了多長時間、或是一個程序消耗了多少資源（亦即效能監控），或是你正在為一部病懨懨的系統進行故障排除。在進行監控時，你最常執行的動作類型有兩種：

• 追蹤某一或多個讀數（隨時間的變化）

• 警示某種狀況

在這個小節裡，我們首先要專注在你應該知曉的基礎知識和工具上，然後隨著章節進展，會接觸到一些也許只有在特定情況下才會用得到的進階技術。

來看一個簡單的範例，其中會顯示若干基本讀數，像是系統執行了多長時間、記憶體耗用量等等，用 uptime 命令就能觀察：

```
$ uptime ❶
08:48:29 up 21 days, 20:59,  1 user,  load average: 0.76, 0.20, 0.09 ❷
```

❶ 以 uptime 命令顯示若干基本的系統讀數。

❷ 輸出內容以逗點區隔，其中指出了系統已執行了多久、有多少使用者正在登入、以及（位在 load average 段落裡的）三個儀表值：1 分鐘、5 分鐘及 15 分鐘內的平均負載。這些平均值代表在執行佇列中等待、或是等待磁碟 I/O 的作業數目；其數值皆已經過正規化（normalized），代表 CPUs 的忙碌程度。舉例來說，過去 5 分鐘內的平均負載是 0.2（單獨觀察此數值也許看不出什麼眉目，你得將它與其他數值比較、並持續追蹤才行）。

接著我們要監視一些基本的記憶體用量，這要靠 free 命令（輸出已經壓縮過以便排版顯示）：

```
$ free -h ❶
            total    used    free  shared buff/cache   available
Mem:         7.6G    1.3G    355M    395M       6.0G        5.6G ❷
Swap:        975M    1.2M    974M ❸
```

❶ 以便於人眼判讀的輸出顯示記憶體用量。

❷ 記憶體統計數字分類成：總體（total）／已使用（used）／未使用（free）／共用（shared）的記憶體數量，以及緩衝區和快取共用的記憶體數量（如果你想分開觀察緩衝區和快取，請加上選項 -w），最後則是尚餘可用的記憶體數量。

❸ 總體（total）／已使用（used）／未使用（free）的置換空間（swap space），亦即從實體記憶體移出到置換磁碟空間。

另一種較為複雜的記憶體用量觀察方式，是透過 vmstat 命令（虛擬記憶體統計（virtual memory stats）的簡稱）。下例便是以自動更新的方式使用 vmstat（輸出已經過編排）：

```
$ vmstat 1 ❶
procs -----------memory---------- ---swap-- ----io---- -system- -----cpu-----
 r  b   swpd   free   buff  cache   si   so    bi    bo   in   cs us sy id wa st ❷
 4  0   1184 482116 682388 5447048   0    0    12   105   28  191  6  3 91  0  0
 0  0   1184 483444 682388 5446600   0    0     0     0  369  522  1  0 99  0  0
 0  0   1184 483696 682392 5446600   0    0     0   104  278  374  1  1 99  0  0
^C
```

❶ 顯示記憶體統計數字。引數 1 意指每秒印出一行新的摘要列。

❷ 一些重要的標頭欄：r 代表執行中、或是正在等待 CPU 的程序數量（應該始終低於或等於你擁有的 CPUs 數量），free 代表還可使用的主記憶體，單位是 KB，in 代表每秒的中斷數量，cs 代表每秒上下文交換（context switches）的數量，而從 us 到 st 等五個欄位則分別代表使用者空間（user space）到核心、待機（idle）等等的整體 CPU 時間百分比。

要觀察特定操作花了多長的時間，可以利用 time 命令：

```
$ time (ls -R /etc 2&> /dev/null) ❶

real    0m0.022s ❷
user    0m0.012s ❸
sys     0m0.007s ❹
```

❶ 測量遞迴列舉 /etc 之下所有子目錄要花多少時間（我們用 2&> /dev/null 捨棄了實際輸出的列舉內容和錯誤訊息）。

❷ 它所花的全部時間（時鐘時間）（除了比較效能外無其他用處）。

❸ ls 本身花在 CPU 上的時間（使用者空間）。

❹ ls 等待 Linux 執行其他事務所等的時間（核心空間）。

在上例中，如果你想知道操作所花費的時間，可將 user 和 sys 兩段時間加總，就能得知個大概，而兩者的比例則讓你可以看出哪一部分所耗的執行時間最長。

現在我們要關注更為特定的題材了：網路介面和區塊裝置。

裝置的 I/O 和網路介面

利用 iostat[3] 就能觀察 I/O 裝置（輸出已經過縮排）：

```
$ iostat -z --human ❶
Linux 5.4.0-81-generic (starlite)   09/26/21    _x86_64_    (4 CPU)

avg-cpu:  %user   %nice %system %iowait  %steal   %idle
          5.8%    0.0%    2.7%    0.1%    0.0%   91.4%

Device            tps    kB_read/s    kB_wrtn/s    kB_read    kB_wrtn
loop0            0.00        0.0k         0.0k      343.0k       0.0k
loop1            0.00        0.0k         0.0k        2.8M       0.0k
...
sda              0.38        1.4k        12.4k        2.5G      22.5G ❷
dm-0             0.72        1.3k        12.5k        2.4G      22.7G
...
loop12           0.00        0.0k         0.0k        1.5M       0.0k
```

❶ 以 iostat 來顯示 I/O 裝置的讀數。參數 -z 會只顯示目前有動作的裝置，而 --human 則會調整輸出（改用人眼易於判讀的單位顯示）。

❷ 示範資料列：tps 代表該裝置的每秒傳輸次數（I/O 請求），read 代表已讀取的資料量，而 wrtn 則是已寫入的資料量。

接著再用 ss 命令檢查網路介面，取得 socket 的統計數字（請參閱 180 頁的「Sockets」一節）。以下命令會同時列出 TCP 和 UDP 的 sockets，加上程序識別碼（輸出已經過縮排）：

3　譯註：必要時須以 sudo apt install sysstat 來補安裝套件，才有 iostat 命令可以用。

```
$ ss -atup ❶
Netid State   Recv-Q  Send-Q  Local Address:Port      Peer Address:Port
udp   UNCONN  0       0           0.0.0.0:60360           0.0.0.0:*
...
udp   UNCONN  0       0           0.0.0.0:ipp             0.0.0.0:*
udp   UNCONN  0       0           0.0.0.0:789             0.0.0.0:*
udp   UNCONN  0       0       224.0.0.251:mdns            0.0.0.0:*
udp   UNCONN  0       0           0.0.0.0:mdns            0.0.0.0:*
udp   ESTAB   0       0     192.168.178.40:51008    74.125.193.113:443
...
tcp   LISTEN  0       128         0.0.0.0:sunrpc          0.0.0.0:*
tcp   LISTEN  0       128    127.0.0.53%lo:domain         0.0.0.0:*
tcp   LISTEN  0       5         127.0.0.1:ipp             0.0.0.0:*
tcp   LISTEN  0       4096      127.0.0.1:45313           0.0.0.0:*
tcp   ESTAB   0       0     192.168.178.40:57628    74.125.193.188:5228 ❷
tcp   LISTEN  0       128          [::]:sunrpc             [::]:*
tcp   LISTEN  0       5            [::1]:ipp               [::]:*
```

❶ ss 的選項說明如下：-a 代表全部都要列出（正在傾聽和未在傾聽的 sockets 都要包括在內）；-t 和 -u 分別代表 TCP 和 UDP；而 -p 則顯示出正在使用 sockets 的程序。

❷ 示範一個使用中的 socket。它代表本地 IPv4 位址 192.168.178.40 和遠端的 74.125.193.188 建立的一個 TCP 連線似乎正處於待機（idle）：亦即等待接收（Recv-Q）和傳送（Send-Q）的資料都回報為零。

另一種同樣可以蒐集和顯示介面統計數字的舊方式，是使用 netstat。舉例來說，假設你想持續更新檢視 TCP 和 UDP 的資料，包括 process ID、還有用 IP 位址取代 FQDNs 來顯示，也可以用 netstat -ctulpn 做到。

lsof 命令是「列出已開啟檔案」（list open files）的縮寫，它在很多案例中都是很有用的工具。下例顯示的便是將 lsof 用在檢視網路連線的場合（輸出已經過編排）：

```
$ sudo lsof -i TCP:1-1024 ❶
COMMAND     PID         USER    FD    TYPE DEVICE SIZE/OFF NODE NAME
...
rpcbind   26901         root    8u    IPv4 615970     0t0  TCP *:sunrpc (LISTEN)
rpcbind   26901         root    11u   IPv6 615973     0t0  TCP *:sunrpc (LISTEN)
```

❶ 列出特權 TCP 通訊埠（需要有 root 權限）。

lsof 的另一個使用案例，是以程序為檢視重點：如果你知道某個程序的 PID（此處以 Chrome 為例），就可以用 lsof 來追蹤檔案描述符、I/O 等資訊（輸出已經過編排）：

```
$ lsof -p 5299
COMMAND  PID USER   FD TYPE  DEVICE  SIZE/OFF      NODE NAME
chrome  5299  mh9  cwd  DIR   253,0      4096   6291458 /home/mh9
chrome  5299  mh9  rtd  DIR   253,0      4096         2 /
chrome  5299  mh9  txt  REG   253,0 179093936   3673554 /opt/google/chrome/chrome
...
```

此外尚有為數眾多的工具可供監控（效能）。例如 sar（包含多種計數器，適合命令稿使用）和 perf，有些會等到 222 頁的「進階的可觀測性」一節再介紹。

現在你已經掌握了個別的工具，我們繼續要介紹整合式工具，讓你可以用互動的方式監控 Linux。

整合式效能監控工具

運用上一節中所探討的工具，像是 lsof 或 vmstat，都是很好的起點，也適合用在命令稿中。至於較為方便的監控方式，或許你會想嘗試一下整合式解決方案。這類方案通常帶有文字化的使用介面（TUI），有時還會加上彩色特效，並具備以下功能：

- 支援多種資源類型（CPU、RAM、I/O）

- 互動式的排序和篩選操作（按照程序、使用者、資源等等）

- 可即時更新，並深入到程序群組、甚至 cgroups 和命名空間層級的細節

以廣為使用的 top 為例，它便在標頭欄位提供了概覽（類似我們在 uptime 輸出中看到的內容），然後便是表單式呈現的 CPU 和記憶體使用細節，加上程序清單，方便你追蹤（以下輸出已經過精簡）：

```
top - 12:52:54 up 22 days,  1:04,  1 user,  load average: 0.23, 0.26, 0.23 ❶
Tasks: 263 total,   1 running, 205 sleeping,   0 stopped,   0 zombie ❷
%Cpu(s):  0.2 us,  0.4 sy,  0.0 ni, 99.3 id,  0.0 wa,  0.0 hi,  0.0 si, \
   0.0 st% ❸
KiB Mem : 7975928 total,   363608 free,  1360348 used,  6251972 buff/cache
KiB Swap:  999420 total,   998236 free,     1184 used.  5914992 avail Mem

PID USER      PR  NI    VIRT    RES    SHR S  %CPU %MEM     TIME+ COMMAND ❹
  1 root      20   0  225776   9580   6712 S   0.0  0.1   0:25.84 systemd
...
433 root      20   0  105908   1928   1700 S   0.0  0.0   0:00.05 `- lvmetad
...
775 root      20   0   36552   4240   3880 S   0.0  0.1   0:00.16 `- bluetoothd
789 syslog    20   0  263040   4384   3616 S   0.0  0.1   0:01.98 `- rsyslogd
```

❶ 系統摘要（請與 uptime 的輸出做比較）

❷ 任務的統計數字

❸ CPU 的使用統計數字（使用者、核心等等；類似 vmstat 的輸出）

❹ 動態的程序清單，包括每個程序的細節；可與 ps aux 的輸出做比較

 以下列舉 top 裡最常用的操作鍵：

?
列出說明內容（包括對應的操作鍵）

V
切換程序樹（process tree）檢視

m
按照記憶體用量排序

P
按照 CPU 消耗量排序

k
發出訊號（類似 kill）

q
退出

儘管 top 幾乎在任何環境上都有得用，還是有一些替代品可以參考，例如：

htop（*https://oreil.ly/P9elE*）（圖 8-3）

top 的漸進改良版，執行起來比 top 快、使用介面也較佳。

atop（*https://oreil.ly/luRoU*）（圖 8-4）

top 的強力替代品。除了 CPU 和記憶體以外，它還詳盡地涵蓋了 I/O 及網路之類的資源統計。

below（*https://oreil.ly/XdOHB*）

一種相當新穎的工具，值得注意的是它能夠辨識 cgroups v2（請參閱第 147 頁的「Linux 的 cgroups」一節）。其他工具無法理解 cgroups，因此也就只能提供全面的資源一覽。

圖 8-3　htop 工具的畫面

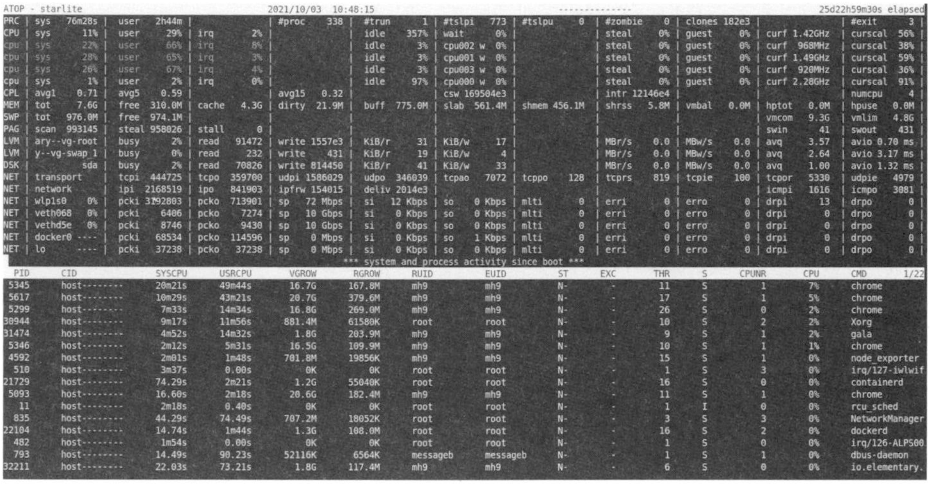

圖 8-4　atop 工具的畫面

此外還有許多整合式的監控工具可以使用，它們涵蓋的不只基本資源、也不只專精於某種應用情境。包括以下工具：

glances（*https://oreil.ly/zOC9e*）

> 威力強大的混合工具，除了一般資源、也涵蓋裝置

guider（*https://oreil.ly/uqBH1*）

> 整合式效能分析工具，可為各種讀數提供顯示和繪圖

neoss（*https://oreil.ly/O4BHS*）

> 專用於網路流量監控；是 ss 的替代品、具備更好的 TUI

mtr（*https://oreil.ly/uL38A*）

> 專門用於網路流量監控；是 traceroute 的強大替代品）（traceroute 的細節請參閱 173 頁的「路由」一節）

現在你已對處理系統讀數的工具有廣泛的認識了，接著要來看看如何從你的程式中呈現這些資訊。

儀表化

到目前為止，我們都專注在來自核心或既有應用程式的訊號上（亦即並非你所擁有的程式碼）。現在我們要來談談，你如何讓自己的程式碼也能像日誌功能一樣，自行提供讀數。

要在程式碼中植入能發出訊號、特別是讀數的功能，通常只有當你自行開發軟體時才會涉及這個過程。這個過程又被稱作是儀表化（*instrumentation*），而常見的儀表化策略有二：一是自動儀表化 *auto instrumentation*）（身為開發人員無須多化功夫）、二是自訂儀表化（*custom instrumentation*），這時你就得自行植入程式碼片段，以便在程式碼中的特定位置提供讀數。

你可以利用 StatsD 搭配多種程式語言的用戶端程式庫，包括 Ruby、Node.js、Python 和 Go。StatsD 很不錯，但在像是 Kubernetes 或 IoT 這樣的動態環境中還是有一些限制。在這類環境中通常需要使用不同的手段（有時又稱為拉取式（*pull-based*）或是擷取式（*scraping*）的手法）比較合適。以擷取式手法來說，應用程式會提供讀數（通常透過一個 HTTP 端點來達成），然後再讓一支代理程式（agent）來呼叫這個端點，以便取得讀數，而不是把應用程式設置成要把讀數發往何處。在 224 頁的「Prometheus 與 Grafana」一節會再探討這個話題。

進階的可觀測性

現在你已經明白 Linux 可觀測性的基本知識了，讓我們再來看一些這個領域中的進階題材。

追蹤與側錄

追蹤（*tracing*）：在 Linux 裡，以單機而言，追蹤意味著捕捉程序隨時間的執行狀況（如使用者空間的函式呼叫、或是 syscalls 等等）。

 在 Kubernetes 裡的容器化微服務、或是做為一個無伺服器應用程式一部分的一群 Lamda 函式，像這樣的分散式設置，我們有時會以分散式追蹤（*distributed tracing*）（例如使用 OpenTelemetry 和 Jaeger）來進行追蹤（*tracing*）。這類追蹤方式不在本書範圍之內。

在單獨一部 Linux 機器中，有很多種資料來源。你可以使用以下的追蹤來源：

Linux 的核心

> 追蹤可以來自核心內的函式、或是由 syscalls 觸發。範例包括核心探測（kernel probes）（*https://oreil.ly/lAolL*）（kprobes）或是核心追蹤點（kernel tracepoints）（*https://oreil.ly/wZcXE*）。

使用者空間

> 使用者空間的函式呼叫，像是透過使用者空間探測（user space probes）（uprobes）（*https://oreil.ly/I8ICY*）之類，也可以作為追蹤的來源。

追蹤的應用案例包括以下幾種：

- 使用像是 strace 這樣的追蹤工具來為程式除錯
- 用 perf 進行具備前端介面的效能分析

 也許你會想在任何場合都使用 strace；但是你應該要知道它的代價。尤其是在正式環境中的影響。請參閱 Brendan Gregg 所寫的這篇「strace Wow Much Syscall[4]」，了解其前因後果。

---

4 *https://oreil.ly/eSLOT*

圖 8-5 便是 `sudo perf top` 的示範輸出，它會產生每個程序的摘要。

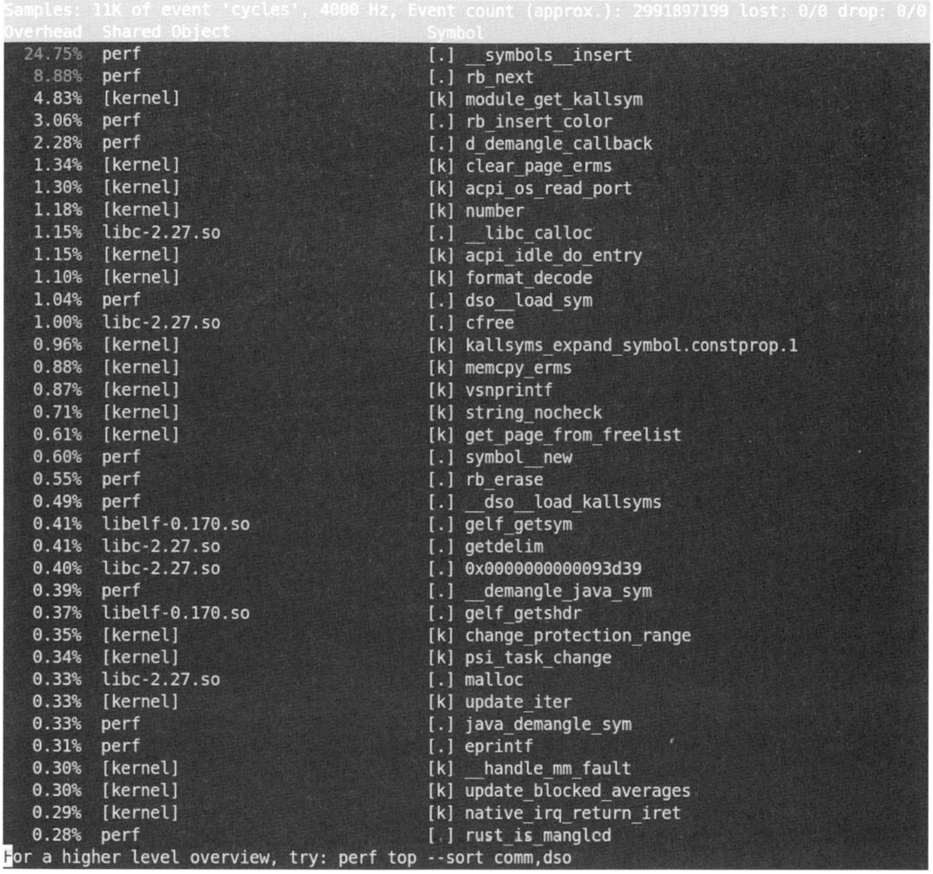

```
Samples: 11K of event 'cycles', 4000 Hz, Event count (approx.): 2991897199 lost: 0/0 drop: 0/0
Overhead  Shared Object              Symbol
 24.75%   perf                       [.] __symbols__insert
  8.88%   perf                       [.] rb_next
  4.83%   [kernel]                   [k] module_get_kallsym
  3.06%   perf                       [.] rb_insert_color
  2.28%   perf                       [.] d_demangle_callback
  1.34%   [kernel]                   [k] clear_page_erms
  1.30%   [kernel]                   [k] acpi_os_read_port
  1.18%   [kernel]                   [k] number
  1.15%   libc-2.27.so               [.] __libc_calloc
  1.15%   [kernel]                   [k] acpi_idle_do_entry
  1.10%   [kernel]                   [k] format_decode
  1.04%   perf                       [.] dso__load_sym
  1.00%   libc-2.27.so               [.] cfree
  0.96%   [kernel]                   [k] kallsyms_expand_symbol.constprop.1
  0.88%   [kernel]                   [k] memcpy_erms
  0.87%   [kernel]                   [k] vsnprintf
  0.71%   [kernel]                   [k] string_nocheck
  0.61%   [kernel]                   [k] get_page_from_freelist
  0.60%   perf                       [.] symbol__new
  0.55%   perf                       [.] rb_erase
  0.49%   perf                       [.] __dso__load_kallsyms
  0.41%   libelf-0.170.so            [.] gelf_getsym
  0.41%   libc-2.27.so               [.] getdelim
  0.40%   libc-2.27.so               [.] 0x0000000000093d39
  0.39%   perf                       [.] __demangle_java_sym
  0.37%   libelf-0.170.so            [.] gelf_getshdr
  0.35%   [kernel]                   [k] change_protection_range
  0.34%   [kernel]                   [k] psi_task_change
  0.33%   libc-2.27.so               [.] malloc
  0.33%   [kernel]                   [k] update_iter
  0.33%   perf                       [.] java_demangle_sym
  0.31%   perf                       [.] eprintf
  0.30%   [kernel]                   [k] __handle_mm_fault
  0.30%   [kernel]                   [k] update_blocked_averages
  0.29%   [kernel]                   [k] native_irq_return_iret
  0.28%   perf                       [.] rust_is_mangled
For a higher level overview, try: perf top --sort comm,dso
```

圖 8-5　追蹤工具 `perf` 的示範畫面

展望未來，似乎 eBPF（請參閱第 31 頁的「擴充核心的現代方式：eBPF」一節）將會成為實作追蹤的實質標準，特別是針對自訂的案例。eBPF 具備豐富的周邊環境、以及日漸增加的廠商支援，因此你若是想找一個能維持到將來的追蹤方法，請確認它是採用 eBPF 實作。

另一個有關於追蹤的特殊運用案例，就是側錄（*profiling*），亦即要辨識經常呼叫的程式碼段落。側錄用的低階工具，包括 pprof、Valgrind、還有 flame graph 這個視覺化工具。

要以互動方式接收和處理 perf 的輸出、並將追蹤結果視覺化呈現，有很多種選擇，請參閱 Mark Hansen 的部落格專文「Linux perf Profiler UIs[5]」。

持續側錄（*continuous profiling*）是一種更為進階的變種側錄方式，它會隨時間捕捉追蹤（包括核心和使用者空間）資料。一旦取得了這些帶有時間戳記的追蹤資料，就可以用來繪圖和比較，並進一步鑽研其中有趣的部分。其中一個前景看好的例子，就是以 eBPF 為基礎的開放原始碼專案 parca[6]，如圖 8-6 所示。

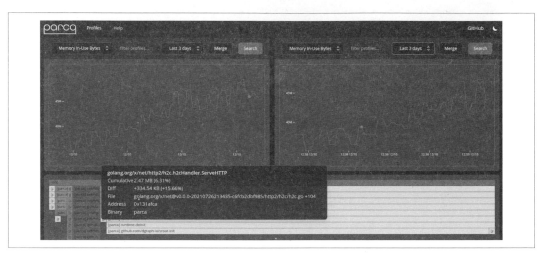

圖 8-6　持續側錄工具 parca 的示範畫面

Prometheus 與 Grafana

如果你需要處理隨時間變動的讀數（亦即帶有時序的資料），那麼 Prometheus 和 Grafana 的組合，可能才是你應該考慮用來提供進階可觀測性的工具。

筆者會示範一套簡易的單機配置，讓你可以設置儀表板，甚至對 Linux 機器上發生的事件示警。

我們會利用所謂的節點匯出工具（node exporter）來提供一系列的系統讀數，從 CPU 到記憶體和網路都有。然後用 Prometheus 擷取節點匯出工具。擷取（scraping）意指 Prometheus 會呼叫節點匯出工具以 URL 路徑 */metrics* 提供的 HTTP 端點，並傳回 OpenMetrics 格式的讀數。為了要實現這個動作，我們得為 Prometheus 設定節點匯出工

5　*https://oreil.ly/dGH1S*

6　*https://www.parca.dev*

具的 HTTP 端點 URL。設定的最後一步則是以 Prometheus 作為 Grafana 的資料來源，以便在 Grafana 的儀表板上觀看時序資料（隨時間變化的讀數），甚至還可以警示特定狀況，像是磁碟空間短少、或是 CPU 超載等等。

因此第一步自然是得先下載和解壓縮節點匯出工具，並以 ./node_exporter & 的方式在背景端執行該二進位執行檔。你可以用以下方式檢查它是否執行無誤（輸出已經過編輯）：

```
$ curl localhost:9100/metrics
...
# TYPE go_gc_duration_seconds summary
go_gc_duration_seconds{quantile="0"} 7.2575e-05
go_gc_duration_seconds{quantile="0.25"} 0.00011246
go_gc_duration_seconds{quantile="0.5"} 0.000227351
go_gc_duration_seconds{quantile="0.75"} 0.000336613
go_gc_duration_seconds{quantile="1"} 0.002659194
go_gc_duration_seconds_sum 0.126529838
go_gc_duration_seconds_count 390
...
```

現在我們已經設好了訊號資料來源，可以用容器來執行 Prometheus 和 Grafana 了。以下操作會需要事先安裝和設定好 Docker（請參閱 150 頁的「Docker」一節）。

建立一個檔名為 *prometheus.yml* 的 Prometheus 的組態檔案，內容如下：

```
global:
  scrape_interval: 15s
  evaluation_interval: 15s
  external_labels:
      monitor: 'mymachine'
scrape_configs:
  - job_name: 'prometheus'  ❶
    static_configs:
    - targets: ['localhost:9090']
  - job_name: 'machine'  ❷
    static_configs:
    - targets: ['172.17.0.1:9100']
```

❶ Prometheus 本身也有提供讀數，所以我們將其納入（自我監控）。

❷ 這個才是我們要的節點匯出工具。由於我們是用 Docker 來運行 Prometheus，就不能再以 localhost 來存取，而是必須改以 Docker 預設使用的 IP 位址來操作。

基礎

- 由 Brendan Gregg 所著的《*Systems Performance: Enterprise and the Cloud*》第二版（*https://oreil.ly/sxtPd*）（Addison-Wesley）
- 「Linux Performance Analysis in 60,000 Milliseconds」（*https://oreil.ly/YVxJt*）

日誌

- 「Linux Logging Complete Guide」（*https://oreil.ly/fMNT7*）
- 「Unix/Linux—System Logging」（*https://oreil.ly/hnMGz*）
- 「syslog-ng」 on ArchWiki（*https://oreil.ly/wzRqG*）
- fluentd website（*https://oreil.ly/hJ3nr*）

監控

- 「80+ Linux Monitoring Tools for SysAdmins」（*https://oreil.ly/C4ZJX*）
- 「Monitoring StatsD: Metric Types, Format and Code Examples」（*https://oreil.ly/JaUEK*）

進階

- 「Linux Performance」（*https://oreil.ly/EIPYd*）
- 「Linux Tracing Systems & How They Fit Together」（*https://oreil.ly/SuGPM*）
- 「Profilerpedia: A Map of the Software Profiling Ecosystem」（*https://oreil.ly/Sk0zL*）
- 「On the State of Continuous Profiling」（*https://oreil.ly/wHLqr*）
- eBPF website（*https://oreil.ly/DFYMN*）
- 「Monitoring Linux Host Metrics with the Node Exporter」（*https://oreil.ly/5fA6z*）

在讀完本章暨先前的章節之後，讀者們已經對 Linux 有基本的認識了，從核心、到 shell、再到檔案系統及網路功能。接下來本書的最終章，要談的是一系列不太適合收錄在前面章節的進階題材。依據你自己的目標，也許會覺得它們饒富趣味、也十分有用，但對於大部分的日常任務來說，你已經學到了必須知曉的一切。

## 第九章

進階題材

這最後一章的題材會略顯龐雜。我們要論及多項主題，從虛擬機器到安全性、再到 Linux 的新用途。本章各項主題的共通性，就是它們大部分都只會在你考量到特殊用途、或是在專業配置中有所需要時，才會派上用場。

本章會先從單機中的程序如何互相溝通及交換資料開始談起。程序間通訊（interprocess communication, IPC）的機制眾多，我們主要會著重在已經成熟而且廣為使用的功能：訊號、具名管線、以及 Unix 的 domain sockets。

接著我們會探討虛擬機器（virtual machines, VM）。與先前在 143 頁的「容器」一節中所探討的容器相比（容器較適合應用程式層面的依存關係管理），虛擬機器能夠更徹底地隔離你的工作負載。最常見到虛擬機器的場合，便是公有雲和資料中心的機房。話雖如此，當你要進行測試、或是要模擬分散式系統的時候，本地端的虛擬機器也十分有用。

下個小節則會著重在現代的 Linux 發行版，通常都是以容器為中心的設計，且具有不可變特性（immutability）。通常會在 Kubernetes 這類的分散式系統中見到它的身影。.

然後我們會進展到幾種特別挑選的安全性題材，包括 Kerberos 這項廣為使用的認證套件，以及可插拔認證模組（pluggable authentication modules, PAM），後者是一種 Linux 用來認證身份的延伸機制。

本章的最後，我們會檢視若干在本書付梓前還未成為主流的 Linux 解決方案和應用案例。但你也許會對它們感到興趣，因而值得介紹一番。

具名管線

在 39 頁的「串流」一節中，我們談到了管線（|），可以用來從一個程序的標準輸出（stdout）、傳遞資料到另一個程序的標準輸入（stdin）。這又被稱為匿名（*unnamed*）管線。從這個概念再進一步，便是所謂的具名管線（named pipes），這種管線是可以指定自訂名稱的。

具名管線跟匿名管線一樣，是搭配一般檔案 I/O（open、write 等等）運作的，也具備先進先出（first in, first out, FIFO）的傳輸特性。但它與匿名管線的差異，在於具名管線的生涯並不受限於使用它的程序。技術上來說，具名管線是管線外面的包覆層（wrapper），使用 pipefs 這個偽檔案系統（請參閱 113 頁的「偽檔案系統」）。

來看一個現實中的命名管線，大家才能知道它的能耐。我們先建立一個名為 examplepipe 的具名管線，再為它賦予一對發出（publisher）程序和接收（consumer）程序：

```
$ mkfifo examplepipe ❶

$ ls -l examplepipe
prw-rw-r-- 1 mh9 mh9 0 Oct  2 14:04 examplepipe ❷

$ while true ; do echo "x" > examplepipe ; sleep 5 ; done & ❸
[1] 19628

$ while true ; do cat < examplepipe ; sleep 5 ; done & ❹
[2] 19636
x ❺
x
...
```

❶ 我們先建立一個名為 examplepipe 的具名管線。

❷ 用 ls 檢視具名管線，便可看出其檔案類型：第一個字母是 p，代表我們正在檢視一個具名管線。

❸ 利用 while 迴圈將字元 x 送入管線。注意，除非有其他程序會讀取 examplepipe 管線，不然管線是處於堵塞的（blocked）。此外不可能有東西寫入。

❹ 我們又啟動另一個程序，讓它也以迴圈方式不斷地從管線接收。

❺ 因此以上的成果便是會看到終端機上大約每隔五秒便不斷地出現 x 字元。換言之，看起來就像是每隔一段時間，PID 19636 的程序就能用 cat 從具名管線讀出內容。

具名管線用起來很簡單。這要歸功於其設計，讓它們的外觀感覺上就像普通的檔案。但它們並非毫無限制，因為它們只支援單向傳輸、而且只能有一個接收者。以下要介紹的 IPC 機制便能跨過這項限制。

UNIX 的 domain Sockets

我們已經在網路功能中介紹過 sockets。其實還有其他種類的 sockets，可以在單機環境中工作，其中之一便是 UNIX domain sockets：它允許雙向通訊、也允許多方端點通訊。亦即你的接收方可以不只一個。

Domain sockets 有三種型式：串流導向的（stream-based，SOCK_STREAM）、資料包導向的（datagram-oriented，SOCK_DGRAM）、 以 及 循 序 封 包（sequenced-packet，SOCK_SEQ PACKET）這三種。定址方式以檔案系統路徑名稱為基礎。這裡不用涉及 IP 位址與通訊埠，簡單的檔案路徑就夠用了。

通常我們都會以程式化的方式運用 domain sockets。然而，你有時也必須為系統排除故障，而必須從命令列採用 socat 這樣的工具，以便直接與 socket 溝通。

虛擬機器

本節要探討的是一種既有的技術，它能夠在一部實體機器上（例如你的筆電、或是機房裡的伺服器）模擬多部虛擬機器。如此便可衍生出更富於彈性而且威力強大的方式，用以運行不同的工作負載，以更徹底的隔離方式區分不同的用戶。這裡會以 x86 架構的硬體式虛擬化為主。

在圖 9-1 中，你會看到虛擬化架構的概念，組成元件如下（從底層往上排列）：

CPU
必須能支援硬體虛擬化功能。

核心式虛擬機器
以 Linux 核心為根基；我們會在 234 頁「核心式的虛擬機器」一節中探討。

使用者空間的元件
使用者空間的元件包括：

可以藉此啟動、查詢和停止這些 microVM。它利用主機上的 TUN/TAP 裝置模擬網路介面，而其區塊裝置則由主機上的檔案支援，並支援 Virtio 裝置。

從安全性的角度來看，除了目前討論過的虛擬化以外，Firecracker 預設也使用了 seccomp 過濾器（請參閱 98 頁的「seccomp Profiles」一節）來限制它能使用的主機系統呼叫。此外也有用到 cgroups。從可觀測性的觀點來看，你也可以透過命名管線，從 Firecracker 蒐集日誌和讀數。

接下來要介紹現代的 Linux 發行版，它們都專注在不可變的特質上，而且都利用了容器技術。

現代的 Linux 發行版

最知名的傳統 Linux 發行版包括：

- Red Hat 系列（RHEL、Fedora 和 CentOS/Rocky）
- Debian 相關系列（Ubuntu、Mint、Kali、Parrot OS、elementary OS 等等）
- SUSE 系列（openSUSE 和 Enterprise）
- Gentoo
- Arch Linux

這些都是出色的發行版。你可以按照自己的需求和偏好，選擇是要掌控一切、全部自己來（從安裝到修補皆然），還是垂拱而治、讓發行版代為管理大部分的任務。

隨著容器的興起，如 143 頁的「容器」一節所述，主機作業系統的角色已經有所變化。在容器的概念裡，傳統的套件管理工具（請參閱 137 頁的「套件與套件管理工具」一節）的角色也有所變動：大部分的基本容器映像檔都傾向於從特定的 Linux 發行版開始建置，而容器中的依存關係都是靠 *.deb* 或 *.rpm* 套件來滿足的，同時容器映像檔會將應用程式層級的依存關係都封裝在自身之上。

此外，要對系統逐步進行更改會是一大挑戰。當你需要對數量龐大的系統進行更改時更是如此。因此在現代的發行版裡，日漸注重不可變的特性（immutability），其概念在於任何組態或程式碼的變更（例如：一個修正安全問題的修補程式、或是新功能）其實最終都會衍生出另一個新的部件，例如啟動一個新的容器映像檔（與更改運行中系統的概念不同）。

當筆者談到「現代的 Linux 發行版」時，我指的是以容器為主、具備不可變的特性、以及自動升級（這是由 Chrome 開始的創舉）前端和中心。讓我們來看幾個現代發行版的例子。

Red Hat Enterprise Linux CoreOS

2013 年，一家新創業者 CoreOS，打造出了 CoreOS Linux（後來更名為 Container Linux）。其主要功能便包括一個雙分割區的架構，以便於系統更新，同時也不使用套件管理工具。換言之，所有應用程式原生就會以容器的形式運作。在它的周邊系統中，當初開發的幾種工具如今都仍在使用中（像是 etcd；你可以把它想像成一套分散式版本的 /etc 目錄，用於設定任務）。

當 Red Hat 收購了 CoreOS 公司之後，它宣佈將把 CoreOS Linux 併入 Red Hat 自家的 Atomic 計畫（其目的與 CoreOS 相仿）。這樁併購衍生出了 Red Hat Enterprise Linux CoreOS（RHCOS），它並非單獨使用，而是要搭配 Red Hat 的 Kubernetes 發行版，亦即 OpenShift 容器平台（OpenShift Container Platform）。

Flatcar Container Linux

就在 Red Hat 宣佈他們對 Container Linux 的計畫後，一間名為 Kinvolk GmbH 的德國新創公司（現已併入微軟）也宣佈，他們將從原本的 Container Linux 開始，以分支（fork）方式繼續開發，名稱則改為 Flatcar Container Linux。

Flatcar 自述為一種原生的容器式輕型作業系統，適於用在像是 Kubernetes 這樣的容器調度工具、以及 IoT/ 邊際運算等場合。它延續了 CoreOS 自動升級的傳統（但也可以配合它自己的更新管理工具 Nebraska）、以及其強大卻極易使用的配置工具 Ignition，便於讓你細部微調控制開機裝置（在 RHCOS 也有同樣的用途）。此外，它也不具備套件管理工具；一切皆以容器運作。在單一機器上、或是在 Kubernetes 環境中，你都可以用 systemctl 管理容器化應用程式的整個生命週期。

Bottlerocket

Bottlerocket 同樣是以 Linux 為基礎的作業系統，由 AWS 開發，主要用於託管容器。它以 Rust 寫成，並運用在多項 AWS 產品當中，像是 Amazon EKS 和 Amazon ECS 等等。

Bottlerocket 很像 Flatcar 與 CoreOS，它也不具備套件管理工具，而是採用 OCI 映像檔模型，藉以升級或還原應用程式。Bottlerocket 採用（大致上）以 dm-verity 技術為主、而且會進行正確性檢查的唯讀檔案系統。若要操作（透過 SSH，雖然不建議這樣做）和控制 Bottlerocket，需要在另一個容器化的實例當中運行一個控制用的容器。

RancherOS

RancherOS 也是一種 Linux 發行版，其中一切內容皆為透過 Docker 管理的容器。它源於 Rancher（現已併入 SUSE），完全依照其 Kubernetes 發行版中的容器工作負載進行最佳化。它運行兩個 Docker 實例：其中第一個運行的程序為系統 Docker，而第二個使用者 Docker 則是用來建立應用程式容器的。RancherOS 所佔的容量極小，因此非常適合用在嵌入式系統和邊際運算（edge computing）環境當中。

特定的安全性題材

在第四章時曾探討過幾種存取控制的機制。當時曾談到認證（*authentication*，簡寫成 *authn*），它會驗證使用者身份，而且它是後續任何一種授權（*authorization*，簡寫為 *authz*）運作的前提。在這個小節裡，我們要簡要地探討兩種廣為使用的認證工具，你應該要對它們有所認識。

Kerberos

Kerberos 是一個認證用的套件，由麻省理工學院在 1980 年代所開發。如今它已由 RFC 4120 和相關的 IETF 文件加以正式定義。Kerberos 的中心觀念是，我們經常面對不安全的網路，卻需要一種安全的方式，讓用戶端和服務端能彼此證明及識別身份。

從概念上說，Kerberos authn 的運作過程就像圖 9-2 所示：

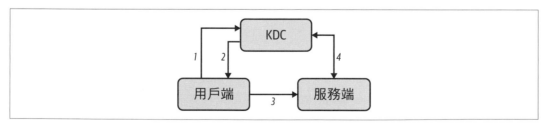

圖 9-2　Kerberos 協定的概念

1. 一個用戶端（例如你筆電上的一支程式）發出一份請求給某個 Kerberos 元件，亦即金鑰分發中心（Key Distribution Center, KDC），要求取得某個服務（例如列印或目錄服務）所需的身份證明。

2. KDC 發出一份請求的身份證明作為回應，亦即一份服務票證（ticket for the service）和一支臨時的加密金鑰（會談金鑰）。

3. 用戶端將此票證（其中含有用戶端的身份和會談金鑰的副本）發給服務端。

4. 至此用戶端和服務端共用同一支會談金鑰，可以用它來認證用戶端，也可以用它來認證服務端。

但 Kerberos 也有要面臨的挑戰，像是 KDC 扮演的中央角色（會成為咽喉弱點）以及它對時間的嚴格要求（它需要透過 NTP 在用戶端與伺服器之間同步時間）。總體來說，雖然 Kerberos 的運作與管理都並不簡單，卻仍然廣為企業及雲端供應商所使用和支援。

可插拔認證模組

長久以來，程式都必須自行管理使用者認證過程。但是現在，可插拔認證模組（pluggable authentication modules, PAM）這種獨立於實際認證架構之外、更有彈性的程式開發方式，進入了 Linux 的世界（PAM 約於 1990 年代末期問世，並廣泛見於多種 UNIX 周邊系統之中）。PAM 採用模組式架構，為開發人員提供一套強大的程式庫，並藉以作為模組介面。它同時還允許系統管理員插入不同的模組，像是：

pam_localuser（*https://oreil.ly/NCs0A*）

　　使用者必須名列於 */etc/passwd* 當中

pam_keyinit（*https://oreil.ly/PkGt9*）

　　會談金鑰圈使用

pam_krb5（*https://oreil.ly/YinOv*）

　　專供 Kerberos 5 的密碼式檢查

至此我們已經來到進階安全性題材的尾聲，接著要來談一些更富野心的題材。

其他當代及未來的產品

這個小節將介紹一些令人驚豔的 Linux 產品，包括新的 Linux 設置方式、以及在新環境中使用 Linux 的方式。在伺服器的世界裡（不論是內部資料中心還是公有雲），Linux 已然成為實質的標準，同時 Linux 也深藏在許多行動裝置的底層當中。

本節題材的共同點在於，在本書付梓以前，它們都尚未成為主流。然而如果你好奇它們未來的發展樣貌、或是 Linux 在哪些方面仍有高度成長的潛力，請繼續讀下去。

NixOS

NixOS[1] 是一套以原始碼為基礎的 Linux distro 發行版，它採用函式化手法來進行套件管理和系統設定，同時也包括還原升級內容。筆者之所以將其稱作是「函式化手法」（functional approach），是因為其部件完全是以不可變的特性為出發點。

Nix 套件管理工具是整個作業系統建置的中心，從核心、到系統套件和應用程式皆是如此。Nix 提供多使用者的套件管理，甚至還允許你安裝及使用同一套件的多種版本。

但 NixOS 與其他 Linux 發行版的不同之處在於，它不遵循我們在 112 頁「常見的檔案系統佈局」一節中所介紹過的 Linux Standard Base 檔案系統佈局（像是系統程式就會放在 /usr/bin、/usr/lib 等目錄下，而設定組態則通常放在 /etc 等等）。

NixOS 及其周邊系統採行了許多有趣的點子，因而它特別適合用在持續整合管線（CI pipelines）當中。就算你不想全面採行其觀點，也還是可以單獨使用它的 Nix 套件管理工具（與 NixOS 分開使用）。

桌面環境中的 Linux

雖說在桌面環境中使用 Linux 的可行性仍然眾說紛紜，毫無疑問地，坊間仍有大量的發行版以便利桌面環境應用為目標，此外也有大量的視窗管理工具（window managers）可供選擇。

以良好的 UNIX 傳統而言，圖形使用者介面（Graphical User Interface, GUI）的部分是和作業系統的其他部分分開來的。通常是由 X window manager 來掌管 GUI 的相關職責（從視窗管理到樣式和繪製皆然），再搭配所謂的顯示管理工具（display manager）。

---

1 *https://nixos.org*

在視窗管理工具上實作的，則是所謂的桌面體驗（desktop experience）（包括圖示、零件和工具列）和桌面環境（desktop environments），例如 KDE 或 MATE。

現在也有許多適合初學者桌面環境的 Linux 發行版，因而要從 Windows 或 macOS 轉移過來時並不難適應。許多開放原始碼的應用程式也是如此，從辦公室應用程式（撰寫文件或是使用試算表之類，例如 LibreOffice）、到繪圖與影像編輯（Gimp）、再到主流網頁瀏覽器、遊戲、媒體播放器、以及公用程式、還有開發環境等等，都不虞匱乏。

而桌面 Linux 的真正殺手鐧，則應該要算是一件令人跌破眼鏡的意外發展：Windows 11 可以讓你直接執行圖形化的 Linux 應用程式[2]，這可能會永遠改變人們的看法。就留給時間去證明。

在嵌入式系統上的 Linux

嵌入式系統上的 Linux 是一項廣泛的題材，其實作範圍從車用電子到網路設備（例如路由器）、再到智慧家電（例如冰箱）和媒體裝置 / 智慧電視等等。

有一種十分有趣的通用平台，只需少許費用就能取得，它就是樹莓派（Raspberry Pi, RPI）。它有自己專屬的 Linux 發行版，稱為 Raspberry Pi OS（一種 Debian 體系的系統），只需透過 microSD 記憶卡便能安裝它和其他的 Linux 發行版。RPI 具有多個一般用途輸出入埠（General Purpose Input/Outputs, GPIOs），非常適合拿來直接搭配用麵包板組裝的外部感應器和電路。你可以在上面實驗和學習電子學，並以 Python 之類的語言來撰寫程式控制硬體。

在 Cloud IDE 中的 Linux

近年來雲端式的開發環境在可行性上已有了大幅進展，目前已有（商用）產品出現，結合了 IDE（通常指 Visual Studio Code）、Git 和多種 Linux 環境中的程式語言。身為開發人員，你只需要有網頁瀏覽器和網路連線可用，就能「從雲端」編輯、測試和運行程式碼。

在本書付梓之際，已有兩種為人注目的雲端 IDE 出現，它們分別是可以當成代管產品來使用、或是以開放原始碼形式自行管理的 Gitpod；以及與 GitHub 密切結合的 Codespaces。

2　*https://oreil.ly/tGgaf*

結論

本章涵蓋了進階題材，也精進了你對基礎技術和工具的認識。如果你想啟用 IPC，可以透過訊號和具名管線。如欲隔離工作負載，可以利用虛擬機器，特別像是 Firecracker 這類現代化的新品種產品。我們也探討了現代的 Linux 發行版：如果你打算執行容器（Docker），可以考慮這些具備不可變特質、以容器為中心的發行版。我們也談到了特定的安全性題材，尤其是 Kerberos 和 PAM 這種富於彈性和大規模的認證機制。最後我們也檢視了尚未成為主流的 Linux 解決方案，像是桌面環境的 Linux，以及如何在 Raspberry Pi 這類的嵌入式系統上開始使用 Linux 進行實驗與開發。

本章的延伸閱讀：

IPC

- 「An Introduction to Linux IPC」（*https://oreil.ly/C2iwX*）

- 「Inter-process Communication in Linux: Using Pipes and Message Queues」（*https://oreil.ly/cbi1Z)*）

- 「The Linux Kernel Implementation of Pipes and FIFOs」（*https://oreil.ly/FUvoo*）

- 「Socat Cheatsheet」（*https://oreil.ly/IwiyP*）

VMs

- 「What Is a Virtual Machine?」（VMware）（*https://oreil.ly/vJ9Uf*）

- 「What Is a Virtual Machine (VM)?」（Red Hat/IBM）（*https://oreil.ly/wJEG1*）

- 「How to Create and Manage KVM Virtual Machines from CLI」（*https://oreil.ly/cTH8b*）

- 「KVM」via Debian Wiki（*https://oreil.ly/XLVwj*）

- QEMU machine emulator and virtualizer website（*https://oreil.ly/wDCrH*）

- Firecracker website（*https://oreil.ly/yIOxz*）

現代化的發行版

- 「Containers and Clustering」（*https://oreil.ly/Z8ZNC*）

- 「Immutability & Loose Coupling: A Match Made in Heaven」（*https://oreil.ly/T89ed*）

- 「Tutorial: Install Flatcar Container Linux on Remote Bare Metal Servers」（*https://oreil.ly/hZN1b*）

- List of image-based Linux distributions and associated tooling（*https://oreil.ly/gTav0*）

- 「Security Features of Bottlerocket, an Open Source Linux-Based Operating System」（*https://oreil.ly/Bfj7l*）

- 「RancherOS: A Simpler Linux for Docker Lovers」（*https://oreil.ly/61t6G*）

特定的安全性題材

- 「Kerberos: The Network Authentication Protocol」（*https://oreil.ly/rSPKm*）

- 「PAM Tutorial」（*https://oreil.ly/Pn9fL*）

其他當代及未來的產品

- 「How X Window Managers Work, and How to Write One」（*https://oreil.ly/LryXW*）

- 「Purely Functional Linux with NixOS」（*https://oreil.ly/qY62s*）

- 「NixOS: Purely Functional System Configuration Management」（*https://oreil.ly/8YALG*）

- 「What Is a Raspberry Pi?」（*https://oreil.ly/wnHxa*）

- 「Kubernetes on Raspberry Pi 4b with 64-bit OS from Scratch」（*https://oreil.ly/cnAsx*）

終於來到了本書的尾聲。筆者由衷希望這是你自己的 Linux 旅程起點。感謝你耐心讀完本書，筆者衷心期盼能從讀者這邊收到任何意見回饋，不論是透過推特、或是老派的電子郵件都好：*modern-linux@pm.me*。

有用的招數

在這篇附錄中，筆者彙整了一系列常用任務的招數。此處所列的只不過是筆者自己經常會執行的任務，而這些長時間以來所蒐羅的招數，則是筆者自己希望能經常放在手邊參考的。絕非關於 Linux 使用及系統管理任務的完整或深入說明。如果真要參閱完整的各項招數，筆者鄭重推薦大家參閱 Carla Schroder 所著的《*Linux 錦囊妙計*》，其中更詳細地說明了許多招數。

蒐集系統資訊

如欲知道 Linux 的版本、核心及其他相關資訊，請使用以下任一命令：

```
cat /etc/*-release
cat /proc/version
uname -a
```

要知道基本的硬體設備（CPU、RAM、disks）配置，就這樣做：

```
cat /proc/cpuinfo
cat /proc/meminfo
cat /proc/diskstats
```

想多知道一點自己的系統上的硬體，例如 BIOS，就這樣做：

```
sudo dmidecode -t bios
```

注意，上述命令還有其他有趣的選項可以讓 -t 引用：像是 system 和 memory。

若要查詢整體主記憶體和置換空間的使用狀態，就這樣做：

```
free -ht
```

如欲查詢一個程序可以擁有多少檔案描述符，就這樣做：

```
ulimit -n
```

操作使用者和程序

你可以用 who 或 w（輸出更詳盡）列出已登入的使用者。

要依照特定使用者 SOMEUSER 的個別程序顯示系統的讀數（CPU、記憶體等等），便這樣做：

```
top -U SOMEUSER
```

要以樹狀格式列出所有程序（所有使用者的）的詳情：

```
ps faux
```

要找出特定程序（譬如 python）：

```
ps -e | grep python
```

要終止一個程序，如果你知道它的 PID，就這樣做（如果該程序忽視此一訊號，便加上 -9 為參數）：

```
kill PID
```

抑或是用 killall 加上程序名稱來終止它。

蒐集檔案資訊

要查詢檔案詳情（包括 inodes 之類的檔案系統資訊）：

```
stat somefile
```

要了解某個命令、以及 shell 如何解譯、還有執行檔位於何處，就這樣做：

```
type somecommand
which somebinary
```

操作檔案與目錄

要顯示 afile 這個文字檔的內容：

```
cat afile
```

要顯示目錄的內容，就要用 ls，而且你也許還想進一步利用其輸出。例如要計算目錄裡的檔案數目，便這樣做：

```
ls -l /etc |  wc -l
```

尋找檔案及其中的內容：

```
find /etc -name "*.conf" ❶
find . -type f -exec grep -H FINDME {} \; ❷
```

❶ 在目錄 /etc 裡尋找檔名末端有 .conf 字樣的檔案。

❷ 利用 grep 在現行目錄下尋找含有「FINDME」字樣的檔案。

要比較檔案間的差異，就這樣做：

```
diff -u somefile anotherfile
```

要取代字元，就用 tr 這樣做：

```
echo 'Com_Acme_Library' | tr '_A-Z' '.a-z'
```

另一種取代部分字串內容的方式，是利用 sed（注意，區隔字元並不一定要是 /，這在需要替換路徑或 URL 的內容時就很方便）：

```
cat 'foo bar baz' | sed -e 's/foo/quux/'
```

若要建立特定容量的檔案（僅為測試），可以像以下這樣用 dd 命令進行：

```
dd if=/dev/zero of=output.dat bs=1024 count=1000 ❶
```

❶ 如此會建立一個名為 output.dat 的 1 MB 檔案（1,000 個 1 KB 區塊），其中填滿了 0。

操作轉向與管線

在 39 頁的「串流」一節裡，我們探討過檔案描述符和串流。以下便是若干相關招數。

檔案 I/O 轉向：

```
command 1> file ❶
command 2> file ❷
command &> file ❸
command >file 2>&1 ❹
command > /dev/null ❺
command < file ❻
```

❶ 將 *command* 的 stdout 轉向至 *file*。

❷ 將 *command* 的 stderr 轉向至 *file*。

❸ 將 *command* 的 stdout 和 stderr 均轉向至 *file*。

❹ 另一種將 *command* 的 stdout 和 stderr 均轉向至 *file* 的做法。

❺ 將 *command* 的輸出棄置不顧（將其轉向至 */dev/null*）。

❻ 將 stdin 轉向（把 *file* 當成 *command* 的輸入）.

要將一個程序的 stdout 連接到另一個程序的 stdin，就要用管線（|）：

```
cmd1 | cmd2 | cmd3
```

要顯示管線中每一個命令的退出碼（exit code）：

```
echo ${PIPESTATUS[@]}
```

操作時間與日期

要查詢與時間相關的資訊，像是本地端的和 UTC 的時間，還要知道同步的狀態，就這樣做：

```
timedatectl status
```

操作日期時，通常你會想要取得當下時刻的日期或時間戳記、或是想把既有的時間戳記從一個格式轉換成另一種格式。

如欲取得格式為 YYYY-MM-DD 的日期（如 2021-10-09）就這樣做：

```
date +"%Y-%m-%d"
```

要產生 Unix 紀元格式的時間戳記（例如 1633787676），就這樣做：

```
date +%s
```

要產生 UTC 時區的 ISO 8601 格式時間戳記（像是 `2021-10-09T13:55:47Z`），就這樣做：

```
date -u +"%Y-%m-%dT%H:%M:%SZ"
```

同為 ISO 8601 格式的時間戳記，但是為本地時間：

```
date +%FT%TZ
```

操作 Git

如欲複製 Git 的儲存庫（亦即在你的 Linux 系統上複製一份本地端副本），就用這一招：

```
git clone https://github.com/exampleorg/examplerepo.git
```

完成以上的 `git clone` 指令後，Git 儲存庫便會出現在 *examplerepo* 這個目錄底下，你就可以在這個目錄底下執行以下所述的命令了。

要用不同的顏色區分檢視本地端的異動內容，並逐行兩兩比對新增的和移除的行數，就這樣做：

```
git diff --color-moved
```

如欲觀察本地端有哪些變動（編輯過的檔案、新增的檔案、移除的檔案等等），就這樣做：

```
git status
```

要添加本地的更動，並提交內容：

```
git add --all && git commit -m "adds a super cool feature"
```

要查出目前這次提交的 commit ID：

```
git rev-parse HEAD
```

要用 ATAG 標籤為某次提交加上 HASH 識別碼：

```
git tag ATAG HASH
```

要將本地端的異動推送到遠端（上游的）儲存庫，並加上 ATAG 標籤：

```
git push origin ATAG
```

要用 `git log` 觀察提交紀錄；或者說是取得提交的紀錄摘要，就這樣做：

```
git log (git describe --tags --abbrev=0)..HEAD --oneline
```

系統效能

有時候你需要觀察裝置的速度能有多快、或是你的 Linux 系統在負載沉重時的表現如何。以下便是幾種可以模擬系統負載的方式。

要模擬記憶體負載（並催動一部分的 CPU 時脈），命令如下：

```
yes | tr \\n x | head -c 450m | grep z
```

在以上的管線裡，yes 會產生無限多的 y 字元，每個字元自己佔一行，然後 tr 命令會將其轉換成連續的 yx 串流，再讓 head 命令將其切分成 450 個百萬位元組（相當於 450 MB）。最後的重點，則是讓 grep 接收前面產生的 yx 區塊，並搜尋其中不存在的內容（z），因此不會有輸出產生，但仍會形成負載。

目錄的磁碟使用詳情：

```
du -h /home
```

列出剩餘磁碟空間（此例為整體系統的狀況）：

```
df -h
```

磁碟負載測試、並測量 I/O 吞吐量：

```
dd if=/dev/zero of=/home/some/file bs=1G count=1 oflag=direct
```

現代 Linux 的工具

這篇附錄主要是介紹現代的 Linux 工具與命令。其中有些命令可以直接取代既有的命令；其他則是全新的用途。此處所舉出的大部分工具都會在使用者體驗（user experience, UX）方面有所提升，包括使用更簡單、甚至也將輸出變得多采多姿，讓流程更有效率。

筆者在表 B-1 中彙整了一份相關工具的清單，並列出其功能及可能取代的場合。

表 B-1　現代的 Linux 工具與命令

命令	授權	功能	取代或改良的對象
bat （*https://oreil.ly/zg9xE*）	MIT 授權與 Apache 授權 2.0	顯示、分頁、凸顯語法	cat
envsubst （*https://oreil.ly/4i1gz*）	MIT 授權	範本化的環境變數	N/A
exa （*https://oreil.ly/F3dRV*）	MIT 授權	有含意的彩色輸出、特殊用意的預設方式	ls
dog （*https://oreil.ly/tHgYT*）	歐盟公共授權 v1.2	簡單、強大的 DNS 查詢	dig
fx （*https://oreil.ly/oCQ20*）	MIT 授權	JSON 處理工具	jq
fzf （*https://oreil.ly/0I0Va*）	MIT 授權	命令列的模糊搜尋工具	ls + find + grep
gping （*https://oreil.ly/psKX3*）	MIT 授權	多重目標、繪圖	ping
httpie （*https://oreil.ly/pu9f2*）	BSD 3-Clause「New」或「Revised」授權	簡易使用介面	curl（另一個值得注意的是 curlie）
jo （*https://oreil.ly/VhLXG*）	GPL	產生 JSON	N/A

命令	授權	功能	取代或改良的對象
jq （*https://oreil.ly/tL5fR*）	MIT 授權	原生的 JSON 處理工具	sed、awk
rg （*https://oreil.ly/n9Jmj*）	MIT 授權	快速、特殊用意的預設方式	find、grep
sysz （*https://oreil.ly/aYGlL*）	無授權	專供 systemctl 的 fzf 使用者介面	systemctl
tldr （*https://oreil.ly/wDQwB*）	CC-BY（內容）與 MIT 授權（命令稿）	著重在命令的使用範例	man
zoxide （*https://oreil.ly/Fx2kI*）	MIT 授權	快速切換目錄	cd

如欲進一步了解本篇附錄中多項工具的背景和用途，可以善用下列資源：

- 檢視 *The Changelog: Software Development, Open Source* 裡關於現代 UNIX 工具的一系列 podcast（*https://oreil.ly/9sfmW*）。

- GitHub 上有一個 Modern UNIX 儲存庫（*https://oreil.ly/LdtI2*），內有目前可用的現代工具清單。

索引

※ 提醒你：由於翻譯書排版的關係，部分索引名詞的對應頁碼會和實際頁碼有一頁之差。

W

X

Y

Z>

關於作者

Michael Hausenblas 是 Amazon Web Services（AWS）開放原始碼可觀測性服務團隊的解決方案工程主任。他專精於資料工程和容器配置，從 Mesos 到 Kubernetes 皆然。Michael 在 W3C 和 IETF 的倡導及標準化方面有豐富經驗，近年來主要都以 Go 語言撰寫程式碼。在加入 Amazon 之前，他曾任職於 Red Hat、Mesosphere（如今的 D2iQ）、以及 MapR（已是 HPE 的一部分），在應用研究領域已有十載的資歷。

出版記事

本書封面這隻威風凜凜的生物，是帝王企鵝（*Aptenodytes forsteri*），企鵝中體型最大、也最具象徵意義的品種。

這種體型龐然、無法飛行的鳥類，卻能生氣勃勃地在嚴酷的南極棲地中生存。其流線的身形極利於在海水中潛泳，當牠們下潛至超過 1,750 英呎的深水處獵食魚類、魷魚和磷蝦等食物時，其堅實的骨骼則能承受強烈的水壓。牠們可以待在水下長達 20 分鐘，才需要上浮至水面換氣。

帝王企鵝有高度群居性，會合作築巢和覓食以求生。牠們會大量聚集在棲地，並在低至華氏零下 50° 的環境中聚在一起取暖。在海上長時間停留後返回棲地時，帝王企鵝會發出獨特的聲音，從成千上萬的企鵝中呼喚配偶，就算築巢位置不固定也不受影響。

在冬季繁殖季節裡，雌企鵝會產下單獨一顆卵，然後由雄企鵝孵化。雄企鵝會將卵穩穩地置於腳掌上，並以一片名為育雛袋的懸垂皮膚來保護。在為期兩個月的孵化期間，警戒的雄企鵝甚至會不進飲食，導致體重大幅下降。

帝王企鵝目前被列為瀕危物種。依據科學模型預測，由於氣候變遷導致海冰持續減少，企鵝數量也會隨之驟減。正如歐萊禮書籍封面的其他動物一樣，不論是否瀕臨滅絕，帝王企鵝對我們的世界都至關緊要。

封面彩繪由 Karen Montgomery 繪製，題材源於 *Meyers Kleines Lexicon* 一書的仿古雕刻版印刷。

現代 Linux 學習手冊

作　　者：Michael Hausenblas
譯　　者：林班侯
企劃編輯：江佳慧
文字編輯：詹祐甯
設計裝幀：陶相騰
發 行 人：廖文良

發 行 所：碁峰資訊股份有限公司
地　　址：台北市南港區三重路 66 號 7 樓之 6
電　　話：(02)2788-2408
傳　　真：(02)8192-4433
網　　站：www.gotop.com.tw
書　　號：A735
版　　次：2023 年 06 月初版
建議售價：NT$580

國家圖書館出版品預行編目資料

現代 Linux 學習手冊 / Michael Hausenblas 原著；林班侯譯. -- 初版. -- 臺北市：碁峰資訊, 2023.06
　　面；　公分
　　譯自：Learning modern Linux : a handbook for the cloud native practitioner.
　　ISBN 978-626-324-438-2(平裝)
　　1.CST：作業系統
312.54　　　　　　　　　　　　　　　　112001958

讀者服務

● 感謝您購買碁峰圖書，如果您對本書的內容或表達上有不清楚的地方或其他建議，請至碁峰網站：「聯絡我們」\「圖書問題」留下您所購買之書籍及問題。(請註明購買書籍之書號及書名，以及問題頁數，以便能儘快為您處理) http://www.gotop.com.tw

● 售後服務僅限書籍本身內容，若是軟、硬體問題，請您直接與軟體廠商聯絡。

● 若於購買書籍後發現有破損、缺頁、裝訂錯誤之問題，請直接將書寄回更換，並註明您的姓名、連絡電話及地址，將有專人與您連絡補寄商品。